Alles im Blick
Die wichtigsten Inhalte und Fachbegriffe auf einen Blick

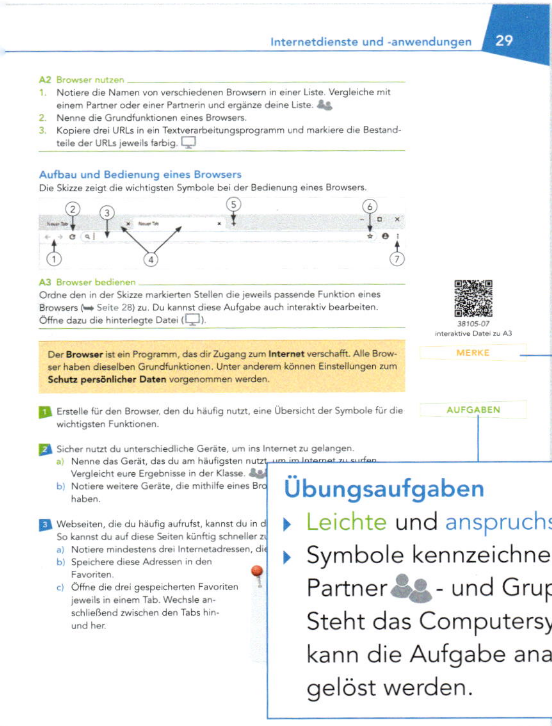

Merke
Hier steht das Wichtigste in Kürze.

Übungsaufgaben
- Leichte und anspruchsvolle Aufgaben
- Symbole kennzeichnen Computer-, Partner- und Gruppenarbeiten. Steht das Computersymbol in Klammern, kann die Aufgabe analog oder am Computer gelöst werden.

Am Ziel
- Sitzen alle neuen Basiskompetenzen?
- Lösungen im Anhang

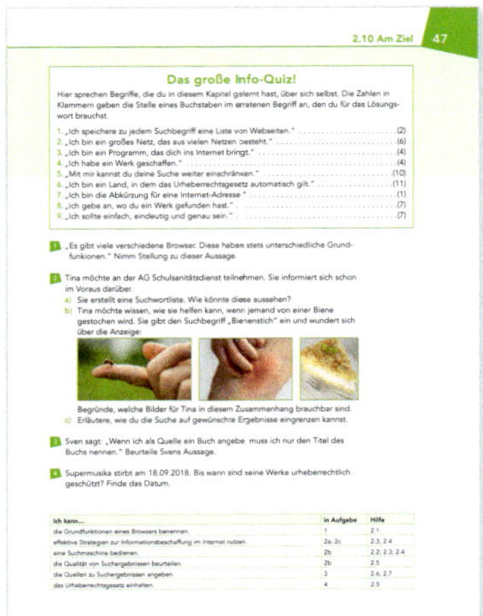

Um das digitale M… …en, kann der …encode unter …eben werden.

5 Informatik

Herausgegeben von Matthias Dossenbach
und Thomas Ernst

Bearbeitet von
Matthias Dossenbach
Thomas Ernst
Ute Schmid
Alexandra Schyma
Alexander Werner

C.C.Buchner

Informatik
Mittelschule Bayern
Herausgegeben von Matthias Dossenbach und Thomas Ernst

Informatik 5
Bearbeitet von Matthias Dossenbach, Thomas Ernst, Ute Schmid, Alexandra Schyma und Alexander Werner

Zu diesem Lehrwerk sind erhältlich:
- Digitales Lehrermaterial **click & teach 5** Einzellizenz, Bestell-Nr. 381151
- Digitales Lehrermaterial **click & teach 5** Box (Karte mit Freischaltcode), ISBN 978-3-661-38115-2

Weitere Materialien finden Sie unter www.ccbuchner.de.

Dieser Titel ist auch als digitale Ausgabe **click & study** unter www.ccbuchner.de erhältlich.

Bitte beachten: An keiner Stelle im Schülerbuch dürfen Eintragungen vorgenommen werden. Das gilt besonders für die Leerstellen in Aufgaben und Tabellen.

Die QR- und Mediencodes enthalten zusätzliche Unterrichtsmaterialien, die der Verlag in eigener Verantwortung zur Verfügung stellt.

1. Auflage, 1. Druck 2020
Alle Drucke dieser Auflage sind, weil untereinander unverändert, nebeneinander benutzbar.

Dieses Werk folgt der reformierten Rechtschreibung und Zeichensetzung. Ausnahmen bilden Texte, bei denen künstlerische, philologische oder lizenzrechtliche Gründe einer Änderung entgegenstehen.

Redaktion: Carina Keller
Layout und Satz: Wildner+Designer GmbH, Fürth
Umschlag: Wildner+Designer GmbH, Fürth
Druck und Bindung: Firmengruppe Appl, aprinta Druck, Wemding

www.ccbuchner.de

ISBN 978-3-661-**38105**-3

Liebe Schülerinnen und Schüler,

das neue Unterrichtsfach Informatik erwartet euch ab diesem Schuljahr. Mit dabei zu sein, wenn etwas zum ersten Mal gestartet wird, ist ein ganz besonderer und toller Moment. Das gilt auch für uns, die wir ein brandneues Buch für euch geschrieben haben. Ohne es zu wissen, wart ihr aber von Beginn an mit dabei. Ihr habt uns die Ideen geliefert, habt uns gezeigt, wie dieses Buch geschrieben werden muss.

Das Autorenteam hat viel darüber gesprochen, wie euer digitaler Alltag bereits heute aussieht, mit welchen Themen ihr euch beschäftigt und wie wir dies mit dem vorgegebenen Lehrplan unter einen Hut bringen können. Gerade bei dem Thema Informatik mussten wir uns oft eingestehen, dass ihr uns bei manchen Themen sogar voraus seid. Wir sind nach langer Arbeit davon überzeugt, dass ein gutes Schulbuch für euch entstanden ist. Außerdem haben wir umfangreiches digitales Material für euch hinterlegt, damit ihr gleich loslegen könnt.

An diesem Buch haben ganz unterschiedliche Menschen gearbeitet. Neben jungen und erfahrenen Lehrkräften waren auch zwei Personen von der Universität beteiligt. Herausgeber und Autorenteam wünschen viel Freude und Erfolg im neuen Fach Informatik und bei der Arbeit mit diesem Buch. Wir freuen uns, wenn ihr auch über den Schulalltag hinaus spannende Berufsfelder der Informatik entdeckt.

Grundlagen

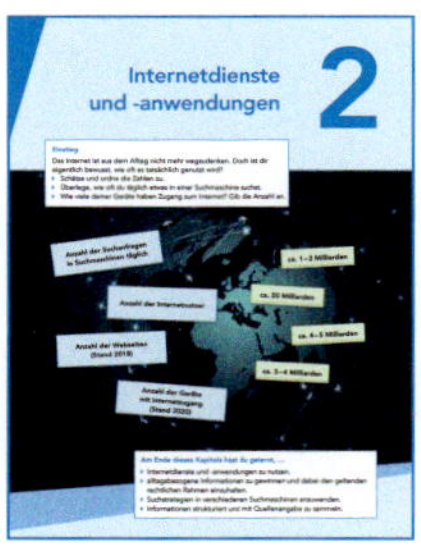

Beschreibung
von Abläufen durch
Algorithmen
3

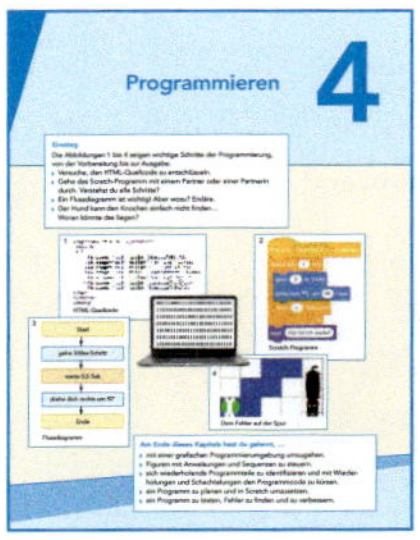
Programmieren
4

Anhang

6 Verhaltensregeln im Computerraum

Damit alle Schülerinnen und Schüler deiner Schule einen funktionsfähigen Computerraum zur Verfügung haben und das Lernen und Arbeiten darin Spaß machen kann, ist es wichtig, dass sich alle Nutzer an einige grundlegende Regeln halten.

Betrachte die Bilder genau und bespreche sie mit einem Partner oder einer Partnerin.

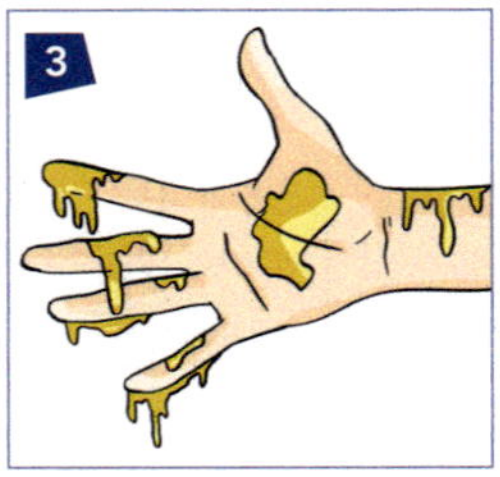

a) Ordne die Aussagen den Bildern zu. Auch mehrere Aussagen können zu einem Bild oder mehrere Bilder zu einer Aussage passen.

b) Vergleiche anschließend mit einem Partner oder einer Partnerin.

Ich bleibe an meinem eigenen Rechner – es sei denn, wir sollen zusammen arbeiten. Am Computer meines Nachbarn stelle und drücke ich nicht herum.

Ins Internet gehe ich nur mit Erlaubnis.

Ich wasche mir die Hände, bevor ich an den Computer gehe!

Jacke und Schultasche räume ich aus dem Weg.

An der Verkabelung darf ich nichts ändern. Das macht meine Lehrkraft.

Essen und Trinken sind im Computerraum verboten!

Ich räume meinen Platz ordentlich auf, bevor ich den Raum wieder verlasse. Immerhin möchte ich ihn ja auch ordentlich vorfinden!

Ich drucke nur, was unbedingt nötig ist.

Ich gehe sorgsam mit dem Computer und seinem Zubehör um!

Ich habe ein Problem! Besser ich melde mich.

Programme schließe ich, wenn ich meine Arbeit beende und bevor ich meinen Platz verlasse. Muss der Computer heruntergefahren werden?

Ich speichere lieber noch einmal ab. Sicher, ist sicher!

Fallen dir noch weitere Regeln ein, die speziell für euren Schulcomputerraum sinnvoll sind?

So unterschiedliche Computer es gibt, so verschieden sind ihre Tastaturen. Aber einige wichtige Tasten haben sie dennoch alle gemeinsam:

38105-01
die Tastatur

Escape-Taste zum Beenden eines Befehls

Feststelltaste zum dauerhaften Großschreiben

Umschalttaste (auch Shift genannt) zum Schreiben von Großbuchstaben

Funktionstasten (siehe Information am Seitenende)

Rücklöschtaste (auch Backspacetaste genannt) löscht letzte Zeichen

Return-Taste (auch Enter- oder Eingabetaste genannt) zum Bestätigen eines Befehls

Steuerungstaste aktiviert gemeinsam mit einer anderen Taste Zusatzfunktion

Alternate-Taste aktiviert gemeinsam mit einer anderen Taste Zusatzfunktion

Umschalttaste (auch Shift genannt) zum Schreiben von Großbuchstaben

Entfernentaste löscht einzelne Zeichen rechts des Cursors oder Markiertes

Zusatzinformation: Die **Funktionstasten** (F-Tasten) sind sehr nützlich und erfüllen häufig mehrere Funktionen, wenn sie gemeinsam mit Zusatztasten, wie der **Strg-** oder **Alt-Taste** gedrückt werden. Welche Funktion sich hinter welcher F-Taste verbirgt, ist allerdings nicht bei jeder Tastatur gleich.

1 Der Computer

Einstieg

Lara darf sich zum Geburtstag ein neues digitales Gerät aussuchen.
Sie fährt mit ihren Eltern in ein Fachgeschäft um sich über aktuelle Geräte und deren unterschiedliche Funktionen zu informieren.

- Worin unterscheiden sich die vom Verkäufer vorgeschlagenen Geräte?

Am Ende dieses Kapitels hast du gelernt, ...

- das Grundprinzip der elektronischen Datenverarbeitung zu erkennen und zu beschreiben.
- die wichtigsten Computerbauteile zu erkennen und zu benennen.
- Rechensysteme sowie ihre Hardware und Software zu unterscheiden.
- Dokumente abzuspeichern.
- im Dateimanager Ordner zu erstellen, zu verändern und Dateien sinnvoll zu verwalten.

EINSTIEG

Oskar hat schon einige Tricks auf Lager!

- Wie hat er das gemacht?

ERARBEITUNG

Das EVA-Prinzip im Alltag

Oskar „arbeitet" nach dem EVA-Prinzip:

Eingabe (*engl.: input*)
Verarbeitung (*engl.: process*)
Ausgabe (*engl.: output*)
Anweisung: Kommando, Befehl

Eingabe: Oskar erhält die **Anweisung** „Sitz".
Verarbeitung: Oskar denkt kurz über die Anweisung nach.
Ausgabe: Oskar führt die Anweisung aus, er setzt sich.

Diese Dreiteilung findet man in vielen Bereichen wieder.

A1 Abläufe aus dem Alltag beschreiben

1. Erkläre am Beispiel eines Toasters das EVA-Prinzip.
2. Finde weitere Beispiele aus deinem Alltag, die ebenfalls nach dem EVA-Prinzip ablaufen. Beschreibe jeweils die einzelnen Schritte.

Auch der Computer arbeitet nach dem EVA-Prinzip

EDV: Elektronische Datenverarbeitung

So verschieden Notebook, Netbook, Tablet-PC, Desktop-Computer, Wearable oder Smartphone (→ 1.3) äußerlich erscheinen, sind sie doch alle nach demselben Grundprinzip zur **elektronischen Datenverarbeitung** aufgebaut: dem **EVA-Prinzip**.

A2 EDV und EVA – Zusammenhänge erkennen

Erkläre den abgebildeten Ablauf.

Die einzelnen Schritte der elektronischen Datenverarbeitung

Eingabe

„Durch Eingabegeräte kann ich Anweisungen in den Computer eingeben."

Durch **Eingabegeräte** können Anweisungen, Daten oder Informationen von außen in den Computer gelangen.

- Beispiele: Computermaus (Befehlsbutton anklicken), Tastatur (Text eingeben)

Verarbeitung

Der Computer rechnet mit Daten, deshalb kann man auch **Rechner** zu ihm sagen. Der Rechenvorgang wird als **Verarbeitung** bezeichnet. Die Verarbeitung findet in der **Zentraleinheit** im Inneren des Rechners statt. Diese enthält die wichtigsten Bestandteile eines Computers: **Prozessor** und **Arbeitsspeicher**.

to compute (engl.): *berechnen*

Ein Prozessor
(CPU = central processing unit):

Ein Arbeitsspeicher
(RAM = random access memory):

Da der Prozessor ununterbrochen rechnet, heizt er sich sehr auf. Ein Lüfter verhindert, dass der Prozessor Schaden nimmt.

Ausgabe

Ausgabegeräte machen sichtbar, wie der Computer eingegebene Anweisungen oder Informationen verarbeitet.

- Beispiel: Monitor (zeigt den Mauszeiger an)

Ein- und Ausgabegeräte fasst man unter dem Begriff **Peripheriegeräte** zusammen.

Peripheriegerät: an die Zentraleinheit angeschlossenes Gerät

A3 Peripheriegeräte zuordnen

Ordne folgende Peripheriegeräte in Ein- und Ausgabegeräte. Du kannst diese Aufgabe auch interaktiv bearbeiten. Öffne dazu die hinterlegte Datei (🖥).

38105-02
interaktive Datei zu A3

MERKE

Das **EVA-Prinzip** ist das Grundprinzip der elektronischen Datenverarbeitung. Es setzt sich aus **Eingabe, Verarbeitung** und **Ausgabe** zusammen. Um Anweisungen einzugeben, zu verarbeiten und sichtbar zu machen, benötigt man **Eingabegeräte**, **Zentraleinheit** und **Ausgabegeräte**.

AUFGABEN

1 Die Tabelle enthält Geräte und mögliche Anweisungen, die durch Geräte ein- oder ausgegeben werden können. Leider ist die Tabelle noch nicht vollständig.

Gerät	Touchpad	3D-Brille	...	...	Touchpen
Funktion	...	...	Spracheingabe	Ausgabe von 3D-Objekten	...

a) Ergänze jeweils ein mögliches Gerät bzw. eine mögliche Anweisung. Du kannst dazu die hinterlegte Tabelle nutzen (🖥).
b) Ordne die Geräte in Ein- und Ausgabegeräte.

38105-03
Tabelle zu Aufgabe 1

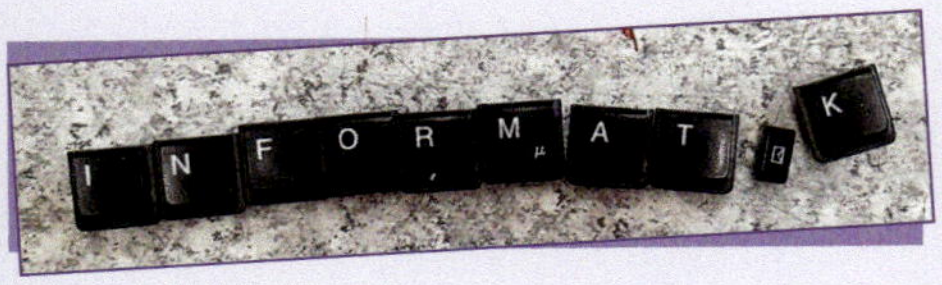

Nun soll ein Computer einmal genauer untersucht werden – und zwar ganz praktisch: Baut ihn auseinander um die Einzelteile zu sehen. Am besten arbeitet ihr als Team zusammen, verteilt die einzelnen Aufgaben und unterstützt euch gegenseitig.

Aber Vorsicht:
Anschließend soll der Computer auch wieder zusammengebaut werden und zwar so, dass er wieder funktionstüchtig ist. Macht euch deshalb Skizzen und Notizen, sodass ihr euer Vorgehen später schrittweise rückgängig machen könnt.

Einen Computer auseinander- und wieder zusammenbauen

SCHRITT 1

Vorbereitung

1. Der Computer muss ausgeschaltet sein und der Stecker steckt NICHT in der Steckdose. Dieser erste Schritt ist lebenswichtig!
2. Erden bzw. Isolation ist wichtig! Berühre dazu mit dem Finger den Boden oder ziehe geeignete Handschuhe an.
3. Bei manchen Computern wird ein Schraubendreher nötig sein.

SCHRITT 2

Die Seitenwand entfernen

Je nach Gehäusetyp lässt sich die seitliche Abdeckung mit einem Hebel oder durch Lösen kleiner Schrauben öffnen.

SCHRITT 3

Das Innere aus dem Gehäuse nehmen

Nun können vorsichtig sämtliche Bauteile aus dem Gehäuse gelöst werden.
Die Festplatte ist meist zusätzlich verschraubt. Wahrscheinlich ist es notwendig, Kabelstränge abzustecken.

Nicht vergessen:
Alle Teile sollen hinterher wieder an ihren angestammten Platz zurück!

SCHRITT 4

38105-04
Zuordnungskärtchen

Die Einzelteile bestimmen

Ordnet folgende Begriffe den Bauteilen eures Computers zu. Kennt ihr auch den Zweck der Bauteile? Ihr könnt die hinterlegten Zuordnungskarten ausschneiden. Ordnet den Bauteilen ihre Bezeichnung und ihren Zweck zu ().

- Netzteil für Stromzufuhr
- CD-/DVD-Laufwerk
- Arbeitsspeicher
- Prozessor
- Motherboard
- Prozessorlüfter
- Grafikkarte
- Festplatte
- Anschlüsse für Eingabe- und Ausgabegeräte

SCHRITT 5

Alles wieder zurück auf Anfang

Baut den Computer wieder funktionsfähig zusammen. Nutzt dazu die angefertigten Skizzen und Notizen.

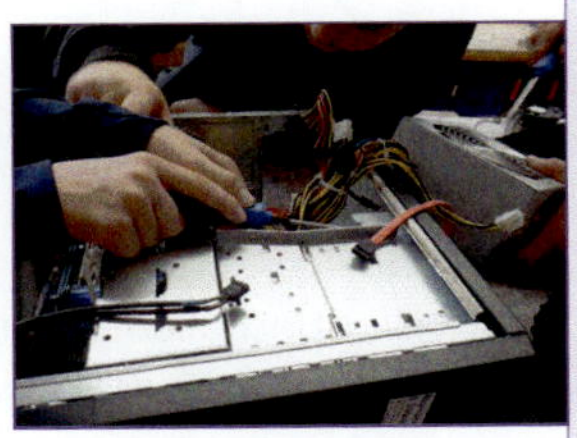

Ihr seid fertig?

Kontrolliert zur Sicherheit noch einmal, ob alle Werkzeuge und Finger vom Computer entfernt sind. Erst wenn das Gehäuse wieder geschlossen ist, dürft ihr den Rechner wieder an den Strom anschließen.

Fehler beheben

Falls euer Computer noch nicht wieder funktioniert, kontrolliert alles noch einmal sorgfältig.

Ihr könnt auch eure Lehrkraft um Hilfe bitten.

Checkliste
- Wurde ein Schritt vergessen?
- Sind alle Kabel wieder angeklemmt?
- ...

AUSBLICK

Weitere Computerteile entdecken

Es kann auch sehr interessant sein, einmal in das Innere einer Tastatur, einer Maus, eines Lautsprechers oder eines Bildschirms zu blicken.
Allerdings kann es sein, dass diese Computerteile anschließend nicht mehr ordnungsgemäß funktionieren. Verwendet daher nur Geräte, die ohnehin entsorgt werden sollen.

EINSTIEG

Auf ihrer Suche nach einem passenden neuen Computer überlegt Lara: „Mir ist wichtig, dass ich mein digitales Gerät möglichst überall mit hinnehmen kann."

- Gib Lara einen Tipp, welche Geräte dadurch in die nähere Auswahl rücken.

ERARBEITUNG

Verschiedene Rechensysteme

Die Computerwelt ist sehr vielfältig und entwickelt sich immer weiter. Grundsätzlich lassen sich die bestehenden Rechensysteme in die folgenden Gruppen gliedern.

personal computer (engl.): *persönlicher Rechner*

PC: Personal Computer

- sehr unterschiedliche Leistungsfähigkeiten und Funktionen möglich
- Stromversorgung erfolgt über eine Steckdose

laptop (engl.): *auf dem Schoß*

notebook (engl.): *Notizbuch*

Laptop oder Notebook

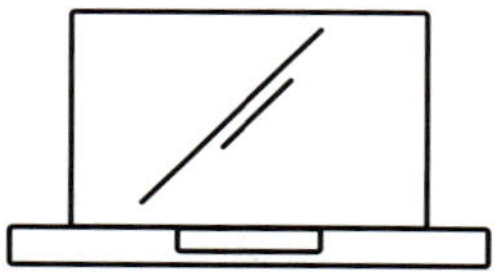

- spezielle Form des Personal Computers
- Klapprechner: fest angebrachte Tastatur und ähnlich großer Bildschirm sind über zwei Gelenke am Gehäuse miteinander verbunden
- eingebauter Akku

tablet (engl.): *Schreibtafel*

touchscreen (engl.): *berührungsempfindlicher Bildschirm*

Tablet

- besonders flacher, leichter, tragbarer Computer
- Bedienung über einen Touchscreen, der ungefähr so groß ist, wie das Gerät selbst (einblendbare Tastatur)
- eingebauter Akku

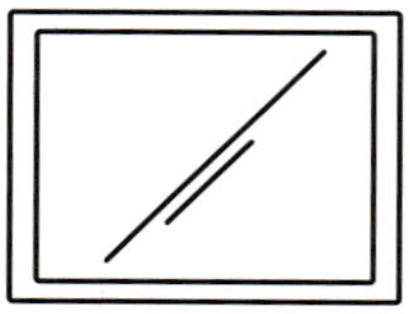

smartphone (engl.): *schlaues Telefon*

Smartphone

- ein Telefon, das zusätzlich über umfangreiche Computerfunktionen und viele Verbindungsmöglichkeiten verfügt
- besitzt keine herkömmlichen Telefontasten mehr
- eingebauter Akku

wearable (engl.): *tragbar*

Wearable

- kleines, computergesteuertes, vernetztes Gerät
- trägt der Besitzer am Körper (meist dem Handgelenk)
- sollen den Alltag unterstützen: Fitness, Lifestyle und Gesundheit
- besonders kleine eingebaute Akkus

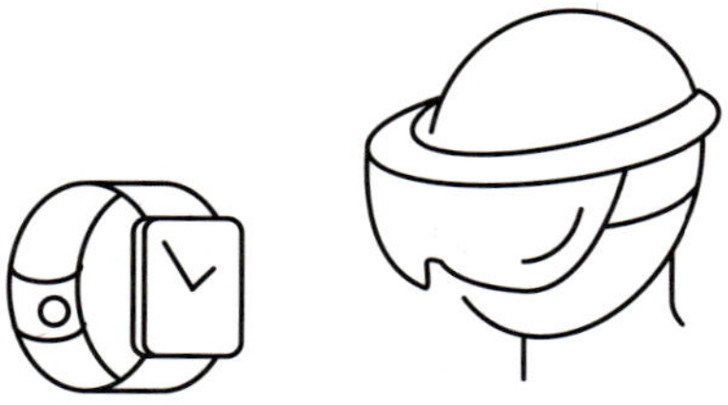

A1 Rechensysteme im Alltag nutzen

1. Nenne Geräte, mit denen du bereits Erfahrung sammeln konntest.
2. Gibt es darunter Geräte, die du zu bestimmten Zwecken besonders gerne nutzt? Begründe.

Hardware und Software gehören zusammen wie Körper und Seele!

Hardware: Der Computer an sich und alle seine Bestandteile, die du anfassen kannst.
Software: Die Programme (für PC und Notebook) bzw. Apps (für Tablet und Smartphone) eines Computers.

hardware (engl.): *Eisenware; frei: Hartes*
soft (engl.): *weich*
App = Applikation

Kurz: Hardware kann man anfassen, Software nicht!

Die wichtigste Software eines Computersystems ist das **Betriebssystem**. Es steuert die Bauteile eines Computers und lässt somit Hard- und Software miteinander funktionieren.

A2 Hardware und Software unterscheiden

1. Nenne Hard- und Software, die du kennst.
2. Nenne Betriebssysteme, die du kennst. Finde heraus, welches Betriebssystem in deiner Schule genutzt wird.

MERKE

Hardware nennt man all die Bauteile eines Computers, die man anfassen kann. **Software** sind Programme bzw. Apps eines Computers. Eine besondere Art von Software sind **Betriebssysteme**. Sie bilden die Schnittstelle zwischen Hardware und sonstiger Software.

AUFGABEN

1 Der Laptop ist eine besondere Form des PCs. Finde zusammen mit einem Partner oder einer Partnerin jeweils Vor- und Nachteile.

2 Emre, Pia und Lisa möchten sich jeweils ein neues Gerät kaufen. Sie fragen dich um Rat. Du kannst diese Aufgabe auch interaktiv bearbeiten. Öffne dazu die hinterlegte Datei ( ).

38105-05
interaktive Datei zu Aufgabe 2

Emre: „Längere Zugfahrten nutze ich gerne, um meine vielen E-Mails zu beantworten."

Lisa: „Ich möchte unterwegs Fotos und Videos aufnehmen – am besten auch Musik hören."

Pia: „Mein Hobby ist Sport. Ich suche eine Möglichkeit, meine Schritte zu zählen und meinen Puls zu messen."

3 Hat man sich für ein Rechensystem entschieden, stehen einem beinahe unendlich viele Programme (für PC und Notebook) oder Apps (für Tablets und Smartphones) zur Installation zur Verfügung.

Vorsicht!
Ursprünglich kostenlose Apps enthalten oft Werbung oder bieten In-App-Käufe an!

a) Nenne kostenpflichtige Programme.
b) Apps können oft kostenlos heruntergeladen werden. Nenne Beispiele.
c) Vergleicht eure Ergebnisse in der Klasse.

In-App-Käufe: Eine ursprünglich kostenlose App ruft während der Nutzung zur Zahlung für zusätzlichen Inhalte auf.

EINSTIEG

Timo bereitet Zuhause ein Referat für Kunst vor. Er gibt sich sehr viel Mühe und wird daher nicht an einem Nachmittag fertig. Morgen möchte er an seinem Vortrag weiterarbeiten.

- Gib ihm einen Tipp, was er tun kann.

ERARBEITUNG

Mit dem Speichersymbol kann die aktuelle Version eines Dokuments unter dem vorher festgelegten Namen abspeichert werden.

Aus EVA wird EVAS

Die elektronische Datenverarbeitung erfolgt nach dem EVA-Prinzip (➥ 1.1). Doch wenn nach der Eingabe und der Verarbeitung eine Arbeit noch nicht fertig ist, muss diese **gespeichert** werden. Dabei ist eine sinnvolle Dokumentbezeichnung wichtig.

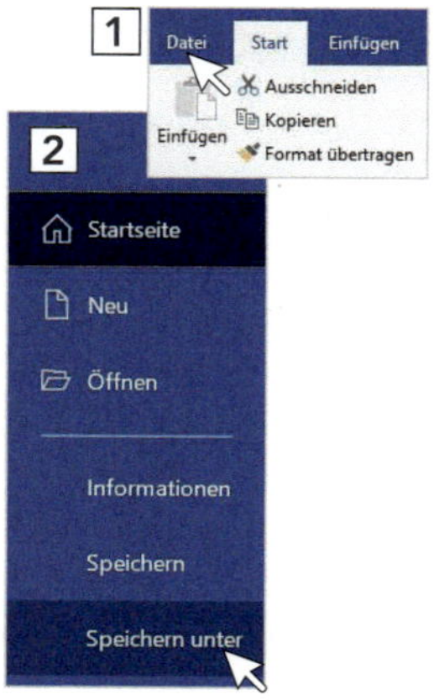

A1 Ein Dokument sichern

1. Überlege dir Möglichkeiten der Datensicherung.
2. Erstelle in einem Textverarbeitungsprogramm ein Dokument. Speichere dieses unter deinen eigenen Dokumenten ab. Finde eine sinnvolle Bezeichnung für dein Dokument.
   Vorsicht: Jeder Name kann nur einmal vergeben werden.

Wo landen gespeicherte Dateien?

interne Festplatte: Speichermedium, das fest in einem digitalen Gerät verbaut ist.

Datei

↓ **Übertragung**

Arbeitsspeicher
- Daten bleiben nur so lange erhalten, bis der Computer heruntergefahren ist.

↓ **Speichern**

Massenspeicher (Speichermedium)
- Daten bleiben auch nach dem Herunterfahren gespeichert
- z. B. Festplatte

→ **interne Festplatte**
- in allen digitalen Geräten
- dauerhaftes Speichern möglich
- Je höher die **Speicherkapazität**, desto mehr kann darauf ablegt werden.
- Kann mehrfach in einem Computer verbaut sein. Dadurch wird die Speicherkapazität erhöht.

Hard Disk Drive (HDD)
- herkömmliche Festplatte

Solid State Drive (SSD)
- moderne Form einer internen Festplatte
- viel schneller als herkömmliche Festplatte

A2 Den Speichervorgang verstehen

Beschreibe das Diagramm zur Speicherung von Dateien in eigenen Worten.

Mobile externe Speichermedien

Timo hat es geschafft: Sein Kunstreferat ist fertig. Jetzt muss er es noch in die Schule mitnehmen, um es seiner Klasse vorzustellen. Dazu kann ein mobiles **externes Speichermedium** verwendet werden.

Dieses ist …
- nicht fest mit dem Computer verbunden.
- in der Regel flexibel an andere digitale Geräte anzuschließen.

Achtung: Nicht jedes externe Speichermedium kann an jedes Gerät angeschlossen werden.

A3 Mobile Speichermedien – Was kenne ich schon?

1. Überlege, welche mobilen Speichermedien du schon kennst und notiere sie auf einem Block. Vergleiche anschließend mit einem Partner oder einer Partnerin.
2. Benenne die abgebildeten mobilen Speichermedien. Ordne dazu den Bildern die richtigen Begriffe zu. Du kannst diese Aufgabe auch interaktiv bearbeiten. Öffne dazu die hinterlegte Datei ().
   - Externe Festplatte
   - CD/DVD/Blu-Ray
   - SD-Karte
   - USB-Stick

38105-06
interaktive Datei
zu A3

Speichermedien sichern Daten vor dem Verlorengehen. Wir unterscheiden zwischen der **internen Festplatte** und **mobilen externen Speichermedien**. Eine passende Bezeichnung der gespeicherten Daten ist sinnvoll.

MERKE

AUFGABEN

1 Überlege, worin der Unterschied zwischen internen und externen Speichermedien liegt. Gibt es Vor- und/oder Nachteile?

2 Damit du Dokumente leicht wiederfindest, ist eine sinnvolle Bezeichnung wichtig.
a) Öffne das hinterlegte Bild. Speichere es unter einem sinnvollen Namen in deinen Dateien ab.
b) Öffne das hinterlegte Textdokument. Speichere es unter einem sinnvollen Namen in deinen Dateien ab.

38105-18
Bild- und Textdatei
zu Aufgabe 2

3 Eine besondere Art von Speicher ist die Cloud: Man speichert nicht direkt auf dem eigenen Computer, sondern auf einem entfernten Server. Daten werden dabei über das Internet auf den Server eines Cloud-Anbieters hochgeladen. Später können diese Daten dann auf einem beliebigen Gerät wieder geöffnet werden. Das spart Speicherplatz auf dem heimischen Rechner und ermöglicht es auch große Datenmengen anderen zur Verfügung zu stellen.
a) Überlege dir Vor- und Nachteile dieser Art des Speicherns.
b) Sammelt eure Ergebnisse in der Klasse.

Ein Server ist ein besonders leistungsstarker Netzwerkrechner.

EINSTIEG

„Manchmal genügt eine Geste!"

- Erkläre diese Aussage anhand des abgebildeten Bilds.
- Nenne weitere Gesten, die eine Information ohne Worte vermitteln.

ERARBEITUNG

Dokument
Elektronische Ansammlung, meist von Schrift, Musik- oder Bildinformationen

Vom Dokument zur Datei

Ein **Dokument** kann nicht direkt auf einem **Massenspeicher** (→ 1.4) abgelegt werden. Es muss in eine **Datei** umgewandelt werden. Dabei müssen alle Informationen des Dokuments erhalten bleiben. Nur so werden diese beim nächsten Öffnen wieder exakt und vollständig dargestellt.

Im Computer erfolgt diese Umwandlung durch die Übersetzung in eine spezielle Computersprache, nämlich in eine lange Folge der Zeichen 0 und 1. Diese Sprache nennt man **Binärsystem**.

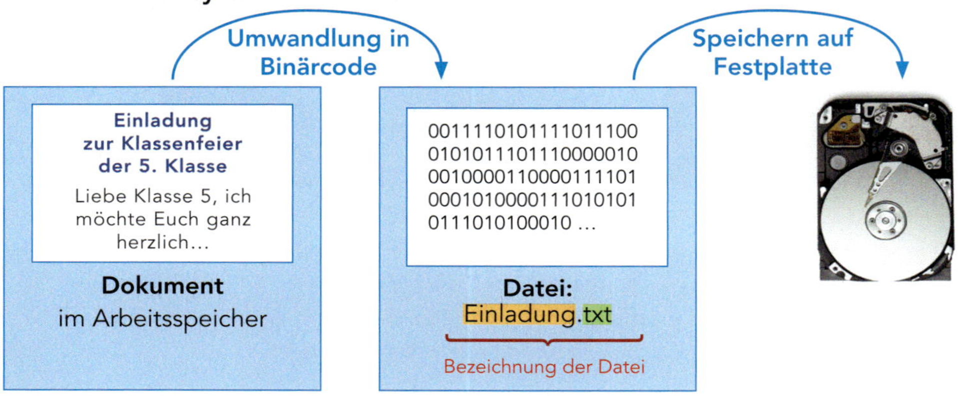

Die Bezeichnung der Datei besteht aus dem (selbstgewählten) Namen der Datei und der Dateiendung.

A1 Informationen im Alltag umwandeln

Finde weitere Beispiele aus dem Alltag für eine Umwandlung von Information, die von anderen leicht verstanden wird.

Das Speichern und Öffnen

Für das Darstellen von Dokumenten in Dateien und das Wiederherstellen von Dokumenten aus Dateien werden folgende Begriffe verwendet:

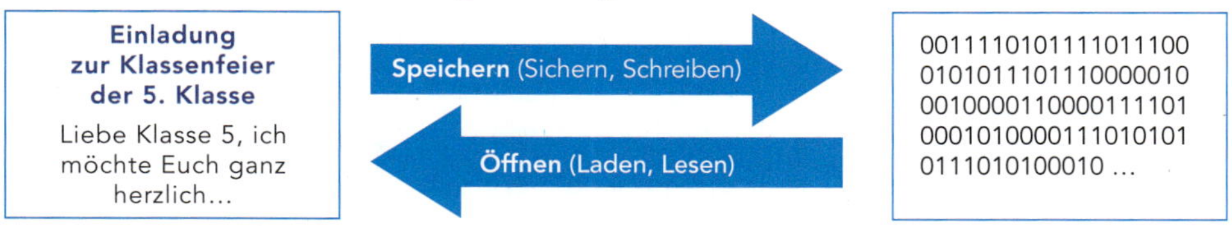

A2 Speichern und Öffnen üben

1. Öffne ein Textverarbeitungsprogramm und schreibe in ein neues Dokument „Einladung zur Klassenfeier der 5. Klasse".
2. Speichere das Dokument unter dem Namen Einladung ab und schließe es.
3. Öffne die Datei wieder.

Das Speichern in der Zwischenablage

Die **Zwischenablage** ist dazu gedacht, kurzfristig Inhalte im Arbeitsspeicher zu speichern. Diese können dann im selben oder in einem anderen Dokument wieder eingefügt werden. Meist wird die Übertragung von und zur Zwischenablage durch einen Rechtsklick auf eine markierte Stelle oder unter *Menü – Bearbeiten* aufgerufen. Beim Ausschalten des Rechners gehen die Informationen im Arbeitsspeicher verloren (➥ 1.4).

Die Einladung zur Klassenfeier soll nun verändert werden:

Befehle für die Zwischenablage:	Das passiert mit dem Dokument:	Shortcut (Tastenkombination) für die Befehle:	So sieht das Dokument nach Betätigung des Befehls aus:
Ausschneiden	Das Bild wird aus dem Dokument entfernt und in die Zwischenablage eingefügt.	Strg + X	
Kopieren	Das Bild wird in die Zwischenablage eingefügt, bleibt im Dokument aber erhalten.	Strg + C	
Einfügen	Das Bild wird aus der Zwischenablage in das Dokument eingefügt. Die Zwischenablage hat sich das Bild sozusagen „gemerkt".	Strg + V	

A3 Die Zwischenablage nutzen

Öffne deine in A2 (➥ A2 Speichern und Öffnen üben) erstellte Datei und zusätzlich die hinterlegte Datei. Letztere enthält ein Bild mit Luftballons. Probiere nun die Zwischenablage aus.

1. Schneide das Bild der Luftballons aus und füge es dann in die Einladung ein.
2. Kopiere das Bild der Luftballons und füge es mehrmals in die Einladung ein.

38105-19
Datei zu A3

MERKE

Programme stellen Informationen als Dokumente dar. Beim **Speichern** wird das **Dokument** in eine **Datei** umgewandelt und auf einen Massenspeicher geschrieben. Der umgekehrte Vorgang heißt **Öffnen**. Mit der **Zwischenablage** können Inhalte zwischen Dokumenten verschoben und kopiert werden.

AUFGABEN

1 Öffne mit einem Textverarbeitungsprogramm das hinterlegte Quiz.
Ordne die Antwortmöglichkeiten der jeweils passenden Frage zu. Verschiebe dazu die Antworten mit den Befehlen *Ausschneiden* und *Einfügen*.
Tipp: Denke dabei an die verschiedenen Möglichkeiten, die du für die Nutzung der Zwischenablage hast. Welche dieser Möglichkeiten nutzt du bevorzugt? Begründe.

38105-20
Quiz zu Aufgabe 1

EINSTIEG

Lea hat in der letzten Informatikstunde eine Präsentation am Computer erstellt.

Heute möchte sie die Präsentation ihrer Klasse vorführen. Sie ist sich ganz sicher, dass sie die Präsentation letzte Woche vor Unterrichtsschluss gespeichert hat. Doch sie kann ihre Arbeit einfach nirgends finden.

- Erkläre, was passiert sein könnte.

ERARBEITUNG

Ordnerstruktur: Anordnung und Strukturierung von Ordnern in **Überordner** und **Unterordner**

Der Dateimanager: Mithilfe von Ordnern für Ordnung sorgen

Hefter und Ringbücher helfen, Schularbeitsblätter zu sortieren. Durch passende Beschriftung erkennt man, für welches Fach sie Blätter aufbewahren. Auch am Computer gibt es die Möglichkeit, **Ordner** anzulegen und zu benennen.

Mit dem Dateimanager gelingt es ganz leicht, Ordnung in gespeicherte Dateien zu bringen und für eine übersichtliche **Ordnerstruktur** zu sorgen.

A1 Den Dateimanager aufrufen

Man findet den Dateimanager auf unterschiedlichen Wegen. Probiere beide Möglichkeiten aus:

1. Öffne den Dateimanager mit dem Button (Knopf) auf dem Startbildschirm.
2. Steuere den Dateimanager über das Startmenü an.

Die Ordnerstruktur im Dateimanager

Das Fenster des Dateimanagers besteht aus zwei Bereichen: Navigations- und Inhaltsbereich.

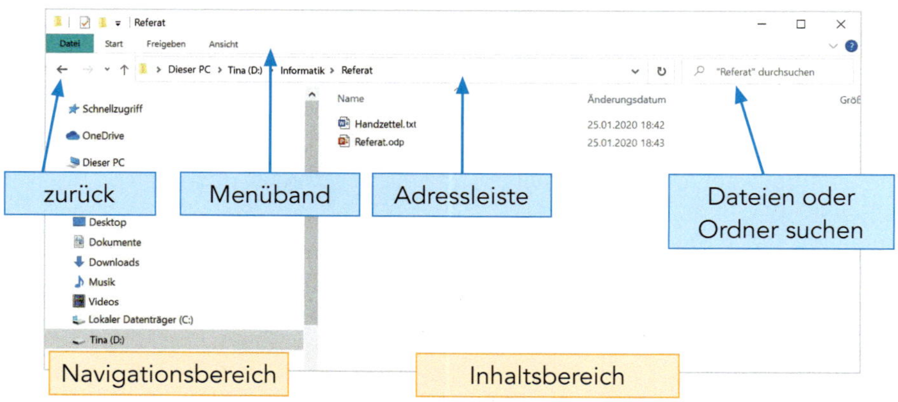

Der **Navigationsbereich** zeigt alle Laufwerke und Ordner an, die sich auf dem PC befinden. Klickt man auf einen Ordner, erscheinen im **Inhaltsbereich** seine Unterordner und die darin gespeicherten Dateien.

Anhand der Dateiendung versucht das Betriebssystem ein Programm zu finden, das die Datei öffnen kann. Ist ein passendes Programm gefunden, wird das jeweilige Programmsymbol angezeigt.

Einladung.txt
Name der Datei – Dateiendung

A2 Den Dateimanager erkunden

1. Suche an deinem Computer den Dateimanager und öffne ihn.
2. Benenne die Bereiche im Übersichtsfenster des Dateimanagers.

Funktionen im Dateimanager

Das Menüband des Dateimanagers enthält weitere Funktionen.

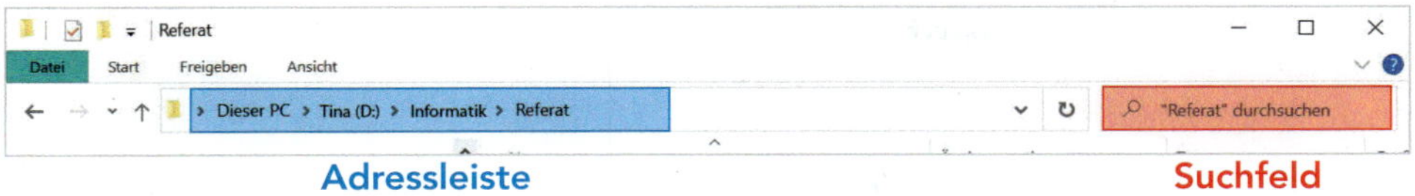

- **Die Suche im Dateimanager**
  Sollte man den Speicherort von Dateien oder Ordnern vergessen haben, kann man im **Suchfeld** danach suchen.
  Klickt man in das Suchfeld öffnet sich das Zusatzmenü **Suchfilter** und bietet umfangreiche Möglichkeiten für eine genaue Suche an.

Man kann auch nach bestimmten Dateiendungen suchen.

- **Der Dateipfad**
  Der Dateipfad beschreibt, wo genau deine Datei gespeichert ist. Er zeigt den Weg durch die Verzeichnisstruktur:

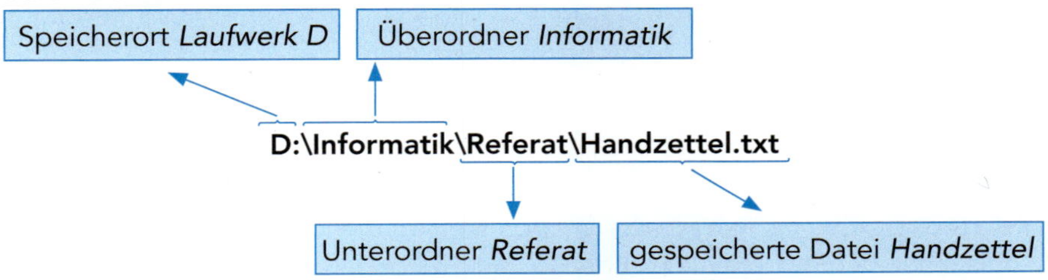

Die **Adressleiste** stellt den Pfad meist vereinfacht dar.

Verzeichnisstruktur: Laufwerk, Über- und Unterordner in denen die Datei gespeichert ist; getrennt durch \

A3 Eine Datei suchen und ihren Pfad erkennen

1. Suche eine Datei, bei der du dir sicher bist, dass sie auf deinem Computer existiert.
2. Leite aus der Adressleiste den genauen Pfad der Datei ab.

MERKE

Der **Dateimanager** besteht aus den Bereichen **Navigationsbereich** und **Inhaltsbereich**. Er zeigt Laufwerke, Ordner und Unterordner an.

AUFGABEN

1 Entdecke weitere Funktionen des Dateimanagers.
a) Nenne Funktionen, die dir aus der *Start*-Registerkarte bereits bekannt sind.
b) Welche Funktionen verbergen sich unter der Registerkarte *Freigeben*?
c) Beschreibe, was passiert, wenn du die *Ansicht* veränderst.

2 In einem Textverarbeitungsprogramm erscheint beim Speichern das Feld *Speichern unter*. Hier kann festgelegt werden, an welchem Ort das Dokument gespeichert werden soll.
In der Computeranlage deiner Schule hast du wahrscheinlich die Möglichkeit auf dein eigenes Laufwerk oder deinen USB-Stick zu speichern.

a) Öffne das hinterlegte Textdokument.
b) Beschreibe, wie du das Dokument ganz bewusst an einem bestimmten Speicherort ablegen kannst.
c) Speichere das Textdokument auf deinem eigenen Laufwerk.

38105-21
Textdatei zu Aufgabe 2

EINSTIEG

Früher sortierte Jason seine Bauklötze nach Größe und Farbe. Heute ist Jason groß und beschäftigt sich viel lieber mit seinem Computer. Aber genauso wie früher liebt er es heute immer noch, Dinge logisch zu sortieren.

- Sortieren und Computer? Beschreibe, wie das zusammenpasst.
- Überlege, was Jason an seinem PC logisch sortieren kann.

ERARBEITUNG

Finde dich zurecht!

Damit man sich in seinen Ordnern zurecht findet, ist neben einer sinnvollen Namensgebung auch eine sinnvolle Sortierung wichtig. Dazu kann das Menü aufgerufen werden.

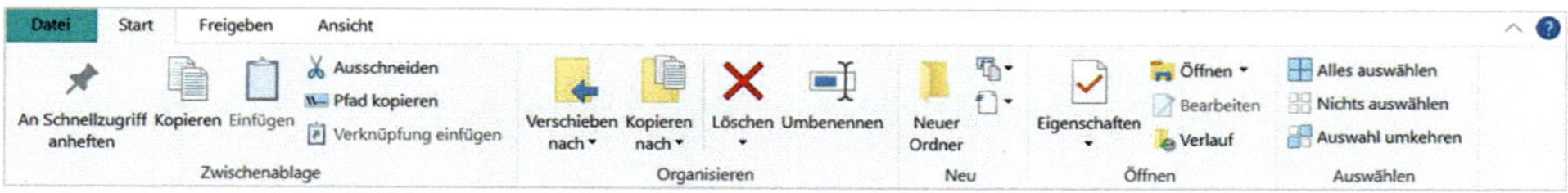

Mithilfe der Registerkarte **Start** in der Gruppe **Neu** im Menüband des Dateimanagers kann man neue Ordner erstellen. Ebenso können bereits vorhandene Ordner verschoben, kopiert und gelöscht werden.

Kontextmenü:
Bietet speziell zum ausgewählten Symbol bestimmte Funktionen an. Das Kontextmenü wird über die rechte Maustaste geöffnet.

A1 Ordnerstrukturen erstellen

1. Erstelle für die Fächer Deutsch, Englisch und Mathematik jeweils einen Ordner.
2. Füge anschließend in jeden der drei Ordner drei passende Unterordner ein.

Tipp:
Du kannst die wichtigsten Befehle aus dem Start-Menü auch über das Kontextmenü öffnen.

Ordner verschieben

Stellt sich im Laufe eines Projekts heraus, dass eine andere Ordnerstruktur praktischer wäre, kann die bestehende angepasst werden.

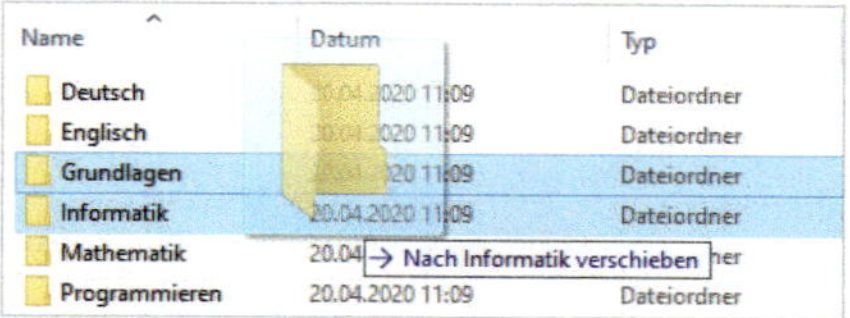

drag (engl.): *ziehen*

drop (engl.): *fallen lassen*

Das **Verschieben** eines Ordners kann entweder über die Registerkarte *Start* oder per **Drag & Drop** erfolgen. Bei Drag & Drop packt man mit der gedrückten linken Maustaste Ordner und Dateien und verschiebt sie an einen anderen Ort.

A2 Einen Ordner verschieben

1. Erstelle im Inhaltsbereich deines Dateimanagers drei Ordner mit den Namen *Informatik*, *Grundlagen* und *Programmieren*.
2. Verschiebe die Ordner *Grundlagen* und *Programmieren* in den Ordner *Informatik*.

Eine Verknüpfung erstellen

Bei der Erstellung einer Verknüpfung bleibt die Datei an ihrem ursprünglichen Speicherort erhalten. Die Verknüpfung ist eine Art Wegabkürzung zu eben diesem Speicherort. Eine Verknüpfung …

- kann im selben Ordner erstellt werden und – falls erwünscht – anschließend an eine andere Stelle in der Ordnerstruktur (oder auf den Desktop) verschoben werden.
- erscheint mit dem Zusatz *Verknüpfung* im Dateinamen.

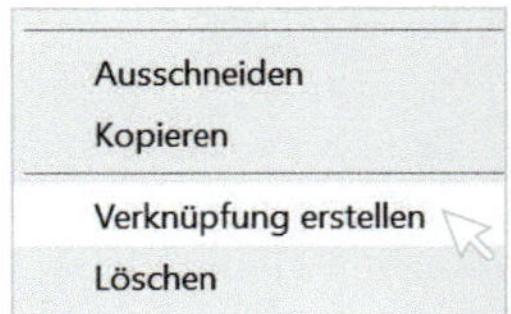

A3 Verknüpfungen einsetzen

Erstelle eine Verknüpfung des in A2 (➥ A2 Einen Ordner verschieben) erstellten Ordners *Informatik* auf deinen Desktop.

MERKE

Mithilfe der Registerkarte **Start** im Dateimanager oder des **Kontextmenüs** können Ordner erstellt, umbenannt und gelöscht werden. Durch eine übersichtliche **Ordnerstruktur** bringt man Ordnung ins Computerchaos.

AUFGABEN

1 Öffne den Dateimanager. Wähle im Navigationsbereich deine eigenen Dokumente aus und erstelle die folgende Ordnerstruktur.

a) Fahre mit der Maus über den Inhaltsbereich und erstelle mithilfe des Kontextmenüs einen neuen Ordner mit dem Namen *Tiere*.

b) Öffne den Ordner *Tiere* und erstelle darin die beiden Unterordner *Katzen* und *Hunde*.

c) Verschiebe den Unterordner *Hunde* in den Unterordner *Katzen*.

d) Lösche den gesamten Ordner *Tiere* wieder.

2 Erstelle die folgende Ordnerstruktur.

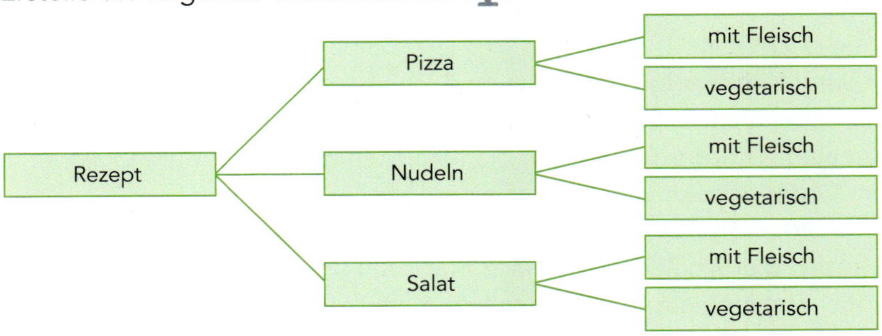

Mit der Funktion *Kopieren* kannst du dir die Arbeit erleichtern.

Um nicht unnötiges Chaos auf deinem Computer zu erzeugen, lösche anschließend alle nicht benötigten Ordner und Ordnerstrukturen wieder.

3 Erstelle folgende Ordnerstruktur für das Fach Informatik.

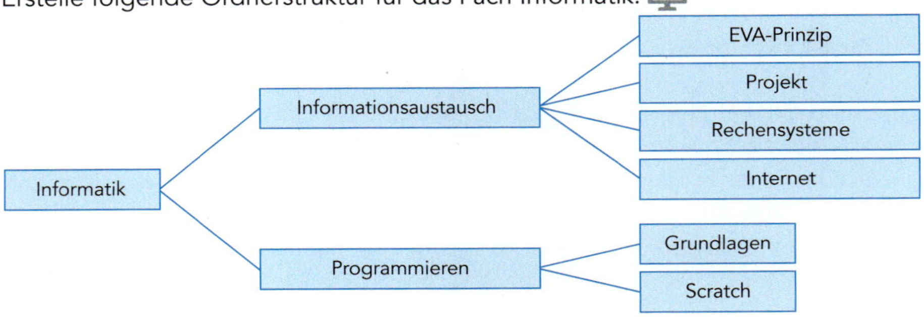

38105-22
Bild- und Textdatei zu Aufgabe 1

1 Speichere die hinterlegten Dateien unter einem sinnvollen Namen ab.
a) Öffne dazu das hinterlegte Bild.
b) Öffne dazu das hinterlegte Textdokument.

2 a) Beschreibe die abgebildete Ordnerstruktur.

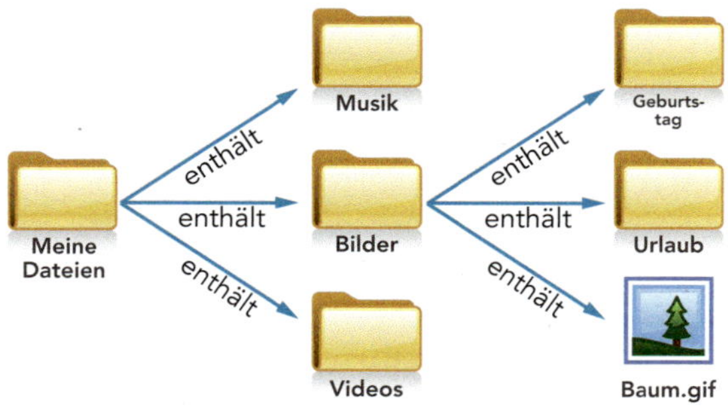

b) Beschreibe und erstelle folgende Ordnerstruktur.

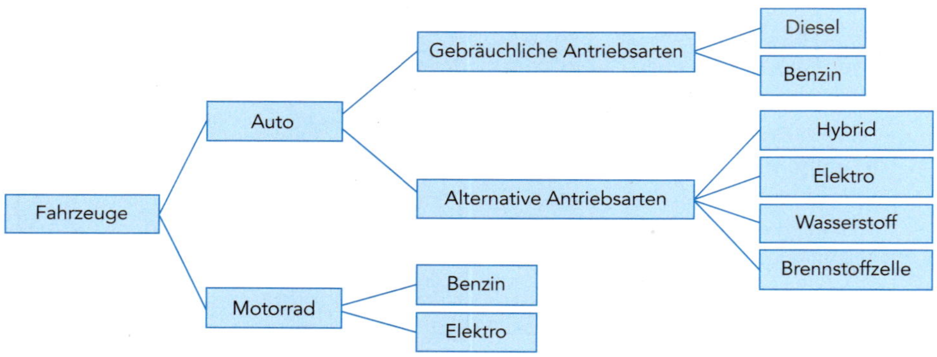

3 Spielt in eurer Klasse folgende Situation nach und beantwortet die Fragen.
a) Die zwischen Januar und Juni geborenen Schülerinnen und Schüler stellen sich in einer Gruppe zusammen, die restlichen in einer weiteren. Gib an, was einem Ordner entspricht und was einer Datei.
b) Innerhalb der Gruppe der in der ersten oder zweiten Jahreshälfte geborenen stellen sich die Schüler jeweils nach Mädchen und Jungen getrennt auf. Was entspricht jetzt einem Überordner, was einem Unterordner?
c) Begründe, welchen Vorteil es hat, wenn sich die Schülerinnen bzw. Schüler innerhalb einer Gruppe alphabetisch (oder nach Größe, Alter, …) sortiert aufstellen.

4 Überlege, ob es Geräte gibt, die sowohl Eingabe- als auch Ausgabegeräte sind. Berate dich mit einem Partner oder einer Partnerin.

38105-23
Textdatei zu Aufgabe 5

5 Öffne die hinterlegte Datei.
a) Lese die Erklärungen zum Thema „Alte Speichermedien" aufmerksam durch.
b) Die Bilder wurden den Sätzen nicht richtig zugeordnet. Sortiere sie mithilfe der Drag & Drop-Funktion oder des Kontextmenüs in das passende Feld.
c) Speichere die Datei unter einem sinnvollen Namen in einem geeigneten Ordner ab.

Das große Info-Quiz!

In dem Wortgitter sind sechs Begriffe versteckt, die du in diesem Kapitel kennengelernt hast. Die Hinweise führen dich auf die richtige Spur.
Öffne die hinterlegte Datei, um das Wortgitter ausfüllen zu können ( ).

38105-24
Wortgitter

O	I	W	G	I	I	V	D	Y	H	B	G	J	S	E	P
M	L	X	D	G	L	N	H	O	E	I	O	H	I	A	J
T	S	L	K	D	C	Y	C	E	Z	R	C	A	T	V	Y
P	B	C	L	W	D	D	X	R	V	X	O	R	G	O	N
V	W	L	S	B	F	O	P	E	B	X	J	D	O	H	O
Q	O	C	W	F	T	K	D	I	X	V	T	W	K	W	P
D	A	V	T	P	H	U	B	E	Y	V	O	A	W	V	R
F	R	K	U	E	Q	M	E	O	M	Q	E	R	S	S	O
Y	G	K	S	T	N	E	A	U	T	T	V	E	F	T	Z
G	F	V	D	K	H	N	C	F	C	B	E	O	U	U	E
R	X	E	W	R	U	T	U	I	U	S	G	D	I	M	S
A	D	A	T	E	I	M	A	N	A	G	E	R	E	R	S
A	R	B	E	I	T	S	S	P	E	I	C	H	E	R	O
M	V	K	O	X	Q	O	S	E	M	V	O	R	T	I	R
E	K	S	L	E	I	N	G	A	B	E	G	E	R	Ä	T
C	B	O	Q	T	I	R	X	B	O	S	S	L	X	N	S

1. „Ich merke mir Dinge nur so lange, bis ich keinen Strom mehr habe."
2. „Ich sorge dafür, dass Daten in den Computer gelangen."
3. „So hieß ich, bevor ich zu einer Datei wurde."
4. „Bei mir läuft alles zusammen: Ich empfange Befehle, verarbeite sie und gebe sie an die jeweiligen Bauteile weiter."
5. „Ich sorge dafür, dass auf dem Computer Ordnung herrscht."
6. „Ich befinde mich im Computer und man kann mich anfassen. Also gehöre ich zur Gruppe der …"

1 Für welche Schritte eines Datenverarbeitungsvorgangs stehen die Buchstaben EVAS?

2 Nenne jeweils drei Ein- und Ausgabegeräte.

3 Erkläre, was man unter Hard- und Software versteht.

4 Erkläre den Unterschied zwischen einem Dokument und einer Datei.

5 Wahr oder falsch? Begründe!
a) „Innerhalb eines Ordners kann ich beliebig vielen Unterordnern den gleichen Namen geben."
b) „Ich kann beliebig vielen Dateien den gleichen Namen geben."
c) „Mein Rechensystem kann auch ohne Betriebssystem funktionieren."

Ich kann…	in Aufgabe	Hilfe
die verschiedenen Schritte der Datenverarbeitung benennen und Geräte hierfür erkennen.	1, 2	1.1
Hardware und Software unterscheiden.	3	1.3
Dokumente von Dateien unterscheiden und mit Dateien arbeiten.	4, 5	1.4, 1.5
mich im Dateimanager zurechtfinden und eine Ordnerstruktur erstellen.	5	1.6, 1.7

Das EVA-Prinzip ➥ 1.1
Das EVA-Prinzip ist das Grundprinzip der elektronischen Datenverarbeitung. Es setzt sich aus Eingabe, Verarbeitung und Ausgabe zusammen.

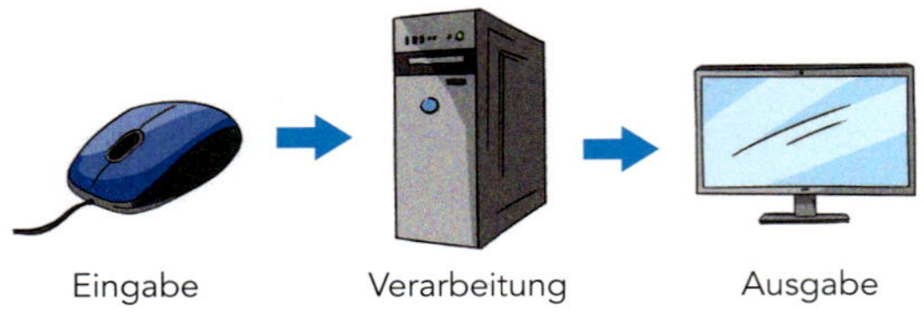

Hardware – Software ➥ 1.2, 1.3
Hardware nennt man all die Geräte und Bauteile eines Computers, die in ihm verbaut oder an ihn angeschlossen sind. Software sind Programme bzw. Apps. Das Betriebssystem macht ein Rechensystem erst funktionsfähig.

Speichern ➥ 1.4
Speichermedien sichern vor dem Verlorengehen. Man unterscheidet zwischen der internen Festplatte und mobilen externen Speichermedien.

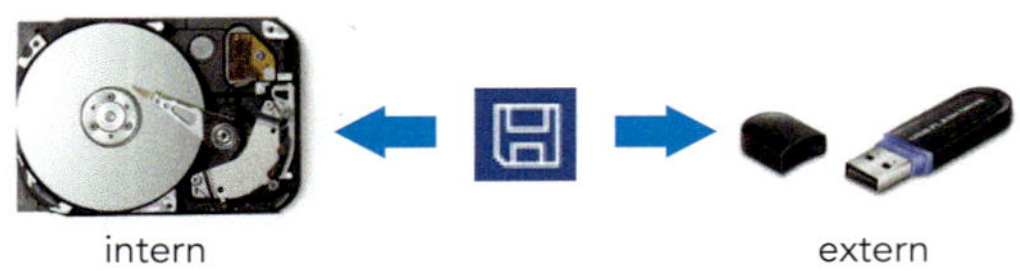

Dokumente und Dateien ➥ 1.5
Durch die Umwandlung eines Dokuments in einen Binärcode kann es als Datei auf einen Massenspeicher abgelegt werden.

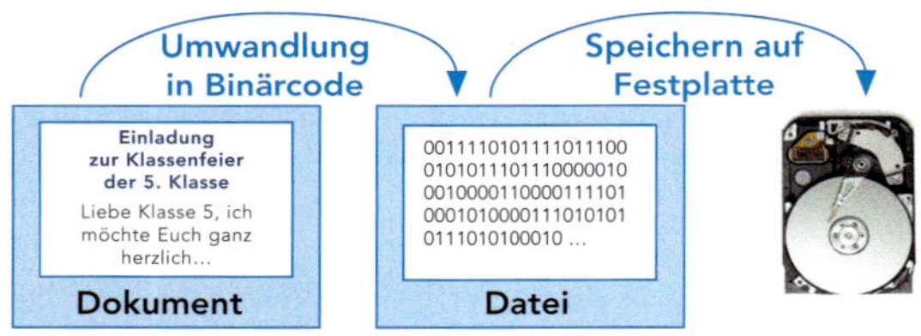

Der Dateimanager ➥ 1.6, 1.7
Der Dateimanager besteht aus dem Navigations- und dem Inhaltsbereich. Er zeigt Laufwerke, Ordner und Unterordner an. Mithilfe des Kontextmenüs können die Ordner organisiert und übersichtlich angeordnet werden.

Eine übersichtliche Ordnerstruktur hilft bei der Strukturierung der gespeicherten Dateien und Ordner.

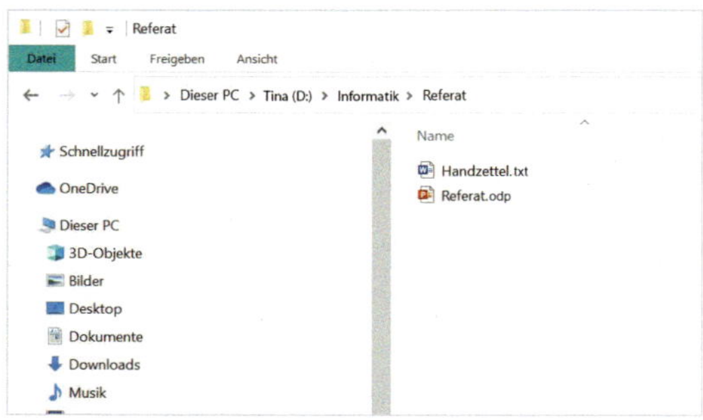

FACHBEGRIFFE

Hier findest du die wichtigsten Begriffe aus diesem Kapitel:

Eingabe
Verarbeitung
Ausgabe
EVA-Prinzip
Zentraleinheit
Prozessor
Arbeitsspeicher
Rechensysteme
Hardware
Software
Betriebssystem
Speichern
Festplatte
Dokument
Datei
Zwischenablage
Ordner
Dateimanager

2 Internetdienste und -anwendungen

Einstieg

Das Internet ist aus dem Alltag nicht mehr wegzudenken. Doch ist dir eigentlich bewusst, wie oft es tatsächlich genutzt wird?

- Schätze und ordne die Zahlen zu.
- Überlege, wie oft du täglich etwas in einer Suchmaschine suchst.
- Wie viele deiner Geräte haben Zugang zum Internet? Gib die Anzahl an.

Am Ende dieses Kapitels hast du gelernt, …

- Internetdienste und -anwendungen zu nutzen.
- alltagsbezogene Informationen zu gewinnen und dabei den geltenden rechtlichen Rahmen einzuhalten.
- Suchstrategien in verschiedenen Suchmaschinen anzuwenden.
- Informationen strukturiert und mit Quellenangabe zu sammeln.

EINSTIEG

Tabea verbringt ihre Freizeit gerne im Internet und auf Social-Media Diensten.

- Beschreibe, was sie dafür benötigt.
- Sie fragt sich, was das Internet eigentlich genau ist. Kannst du ihr helfen? Versuche es.

ERARBEITUNG

inter (engl.): *zwischen*
net (engl.): *Netz*

Das Internet

Das **Internet** ist ein Netz aus vielen Netzen. Das bekannteste ist das **W**orld **W**ide **W**eb. Darin kann man viele Webseiten finden. Auch der Austausch von Nachrichten über E-Mails funktioniert über ein solches Netz. Mithilfe dieser Netze werden alle internetfähigen Geräte weltweit miteinander verbunden. Außerdem können Daten zwischen den Geräten ausgetauscht werden. Das Internet ist also auch ein großes Netz von Geräten.

Als das Internet in den 1970er Jahren entstand, gab es noch wenige Geräte. Dies ist heute anders.

A1 Im Internet unterwegs sein

1. Sammle alle Aktivitäten, für die du in den vergangenen drei Tagen das Internet benötigt hast. Notiere, wie viel Zeit du dafür verwendet hast.
2. Vergleiche mit einem Partner oder einer Partnerin. Finde Gemeinsamkeiten und Unterschiede.

to browse (engl.): *blättern, durchsuchen, stöbern*
Programm = Software

Der Browser als Weg ins Internet

Der **Browser** ist ein Programm, das den Zugang zum Internet ermöglicht. Es gibt viele verschiedene Browser, die jedoch alle die gleichen Funktionen haben:

meistgenutzte Browser

- **A** eine Seite zurück bzw. nach vorne
- **B** zwischen den Tabs hin- und herspringen
- **C** Favoriten/Lesezeichen anlegen und organisieren
- **D** aktuelle Seite neu laden
- **E** Einstellungen ändern (z. B. zum Schutz persönlicher Daten)
- **F** neuen Tab öffnen
- **G** Internetadresse (**URL**) eingeben, aufrufen und anzeigen.

Eine URL (**U**niform **R**essource **L**ocator) ist eine eindeutige Internetadresse, die folgende Informationen enthält:

- Internetdienst
- Adresse
- Domäne
- Verzeichnispfad
- Datei

z. B.: www.bayern.de
www.meineschule.de/aktuelles/sportfest/sieger.jpg

A2 Browser nutzen

1. Notiere die Namen von verschiedenen Browsern in einer Liste. Vergleiche mit einem Partner oder einer Partnerin und ergänze deine Liste.
2. Nenne die Grundfunktionen eines Browsers.
3. Kopiere drei URLs in ein Textverarbeitungsprogramm und markiere die Bestandteile der URLs jeweils farbig.

Aufbau und Bedienung eines Browsers

Die Skizze zeigt die wichtigsten Symbole bei der Bedienung eines Browsers.

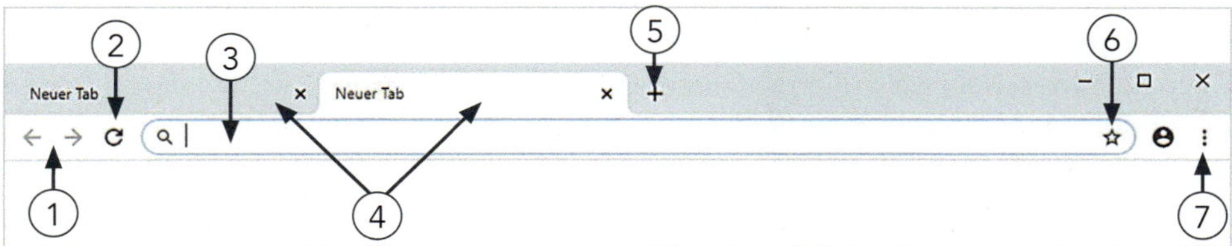

A3 Browser bedienen

Ordne den in der Skizze markierten Stellen die jeweils passende Funktion eines Browsers (→ Seite 28) zu. Du kannst diese Aufgabe auch interaktiv bearbeiten. Öffne dazu die hinterlegte Datei ( ).

38105-07
interaktive Datei zu A3

MERKE

Der **Browser** ist ein Programm, das dir Zugang zum **Internet** verschafft. Alle Browser haben dieselben Grundfunktionen. Unter anderem können Einstellungen zum **Schutz persönlicher Daten** vorgenommen werden.

AUFGABEN

1 Erstelle für den Browser, den du häufig nutzt, eine Übersicht der Symbole für die wichtigsten Funktionen.

2 Sicher nutzt du unterschiedliche Geräte, um ins Internet zu gelangen.
a) Nenne das Gerät, das du am häufigsten nutzt, um im Internet zu surfen. Vergleicht eure Ergebnisse in der Klasse.
b) Notiere weitere Geräte, die mithilfe eines Browsers Zugang zum Internet haben.

3 Webseiten, die du häufig aufrufst, kannst du in den Favoriten speichern. So kannst du auf diese Seiten künftig schneller zugreifen.
a) Notiere mindestens drei Internetadressen, die du häufig besuchst.
b) Speichere diese Adressen in den Favoriten.
c) Öffne die drei gespeicherten Favoriten jeweils in einem Tab. Wechsle anschließend zwischen den Tabs hin- und her.

Tipp
Du kannst deine Favoriten auch in Ordnern ablegen. So schaffst du Übersicht und sparst Zeit.

EINSTIEG

Igor muss in der Schule ein Referat zum Thema „Sehenswürdigkeiten in Bayern" halten.

- Nenne Sehenswürdigkeiten, die du bereits kennst. Überlege, wo sich Igor darüber informieren könnte.
- Igor möchte sich im Internet informieren. Gib ihm Tipps, wie er dabei vorgehen soll.

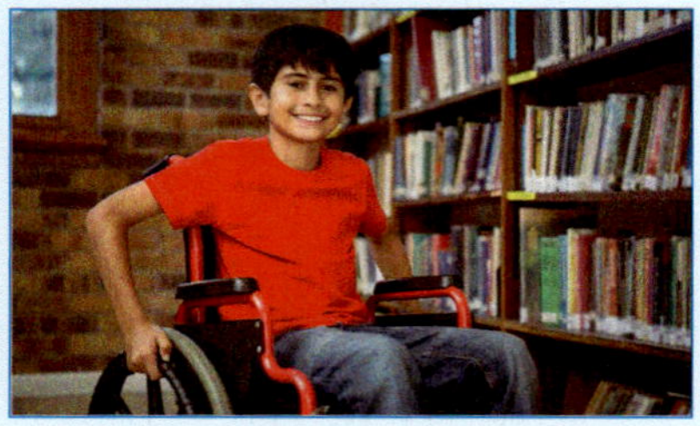

ERARBEITUNG

Was ist eine Suchmaschine?

Eine **Suchmaschine** ist ein Programm, das Webseiten gezielt nach Informationen durchsucht. Gibt Igor in einer Suchmaschine den Begriff „Bayern" ein, wird ihm die Liste mit all denjenigen Webseiten angezeigt, die den Begriff „Bayern" enthalten.

Was ist passiert? **Webcrawler** sind besondere Programme, die alle Webseiten durchsuchen. Sie notieren alle Begriffe, die man auf einer Webseite findet. In einer **Datenbank** wird nun zu jedem Begriff eine Liste von Webseiten gespeichert, auf denen man Informationen zum jeweiligen Begriff findet.
Bei der Suche selbst zeigt die Suchmaschine alle Webseiten aus der Datenbank, auf denen der Suchbegriff gefunden wurde.

Webcrawler werden auch Spider, Suchbot oder Robot genannt.

Datenbank: Sammlung vieler Daten, die jederzeit wieder abgerufen (angesehen) werden können.

A1 Die Funktionsweise einer Suchmaschine verstehen

1. Erkläre einem Partner oder einer Partnerin die Funktionsweise einer Suchmaschine mit eigenen Worten.
2. Ergänze Schritt 1, 2 und 3 im Diagramm rechts mit den passenden Textblöcken links so, dass das Diagramm die Suche mit einer Suchmaschine beschreibt. Du kannst diese Aufgabe auch interaktiv bearbeiten. Öffne dazu die hinterlegte Datei (). Erkläre anschließend deinem Partner oder deiner Partnerin dein fertiges Diagramm.

38105-08
interaktive Datei zu A1

A Die Webseiten, die den Suchbegriff enthalten, werden als Linkliste angezeigt.

B Du gibst den Suchbegriff in einem Textdokument ein.

C Der Webcrawler durchsucht die Webseiten nach dem Suchbegriff.

D Der Webcrawler sendet dir die Ergebnisse per E-Mail.

E Dein persönlicher Webcrawler startet von deinem Computer aus und durchsucht alle Webseiten nach dem von dir gesuchten Begriff.

F Du gibst einen Suchbegriff in eine Suchmaschine ein.

G Die Datenbank der Suchmaschine wird nach dem Suchbegriff durchsucht.

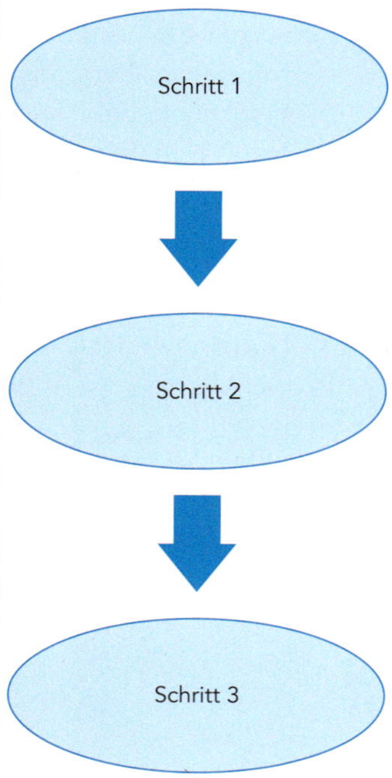

Welche Suchmaschinen gibt es?

Es gibt verschiedene Suchmaschinen. Die meisten der bekannten Suchmaschinen sind für Erwachsene.

Google, Bing und Yahoo sind die drei Suchmaschinen für Erwachsene mit dem größten Marktanteil.

Google
URL: www.google.com

Bing
URL: www.bing.com

Yahoo!
URL: www.yahoo.com

...

Kindersuchmaschinen sind speziell für Kinder und Jugendliche. Dort werden die Suchergebnisse **gefiltert**, d.h. es werden nur Webseiten angezeigt, die für Kinder und Jugendliche geeignet sind. Meist wird bei diesen Suchmaschinen auf Werbung verzichtet.

Helles Köpfchen, Blinde Kuh und FragFinn sind die bekanntesten Suchmaschinen für Kinder.

Helles Köpfchen
URL: www.helles-koepfchen.de

Blinde Kuh
URL: www.blinde-kuh.de

FragFinn
URL: www.fragfinn.de

A2 Suchmaschinen nutzen

1. Notiere die Suchmaschine, die du häufig nutzt.
2. Sammelt die Ergebnisse anschließend in eurer Klasse.
3. Nenne Vorteile von Kindersuchmaschinen gegenüber Suchmaschinen für Erwachsene.

MERKE

Eine **Suchmaschine** ist ein Programm, das alle Webseiten gezielt nach einem Suchbegriff durchsucht und die Ergebnisse anzeigt. **Kindersuchmaschinen** liefern wichtige und geeignete Ergebnisse für die jeweilige Altersstufe.

AUFGABEN

38105-09
Tabelle zu Aufgabe 1

1 Neben den oben genannten Suchmaschinen gibt es noch viele weitere.
a) Schreibe die Suchmaschinen, die auf dieser Seite genannt werden, in ein Dokument und ergänze weitere Suchmaschinen. Informiere dich dazu im Internet. Du kannst die vorbereitete Tabelle verwenden. Öffne dazu die hinterlegte Datei.
b) Finde für die notierten Suchmaschinen möglichst aktuelle Nutzerzahlen. Vergleicht eure Ergebnisse in der Klasse.

2 Finde mithilfe einer dir bekannten Suchmaschine die drei Browser, die in Deutschland am häufigsten genutzt werden. Vergleiche deine Suchergebnisse mit den Browsern, die in deiner Klasse häufig genutzt werden (→ A2 Suchmaschinen nutzen, 2. Aufgabe).

3 Suche jeweils in einer Suchmaschine für Erwachsene und in einer Kindersuchmaschine nach dem Begriff „Bayern".
a) Notiere die Anzahl der Treffer.
b) Vergleiche mit einem Partner oder einer Partnerin. Notiere Gemeinsamkeiten und Unterschiede.

EINSTIEG

Igor ist immer noch auf der Suche nach Informationen zu seinem Referat mit dem Titel „Sehenswürdigkeiten in Bayern".

- Hilf ihm bei der Auswahl einer geeigneten Suchmaschine.
- Gib ihm weitere Tipps, wie er genau das findet, was er sucht.

ERARBEITUNG

online: *im Internet*
offline: *ohne Internet*

Informationen sammeln

Um an Informationen zu einem bestimmten Thema zu gelangen, musst man gezielt danach suchen. Das kann **offline** oder **online** geschehen. Online kommen sehr schnell sehr viele Informationen zusammen. Wichtige Informationen müssen gefiltert und übersichtlich zusammengestellt werden (z. B. für ein Referat).

A1 Informationen sammeln

1. Nenne Möglichkeiten, wie du dich über ein bestimmtes Thema informieren kannst.
2. Die Suche nach Sehenswürdigkeiten in Bayern liefert viele Ergebnisse. Überlege zusammen mit deinem Partner oder deiner Partnerin, welche der folgenden Bilder Igor für sein Referat „Sehenswürdigkeiten in Bayern" verwenden sollte. Begründe euren Ratschlag.

Die Suche mit einer Suchmaschine

Eine Suchmaschine zeigt Ergebnisse immer in Verbindung mit bestimmten Suchbegriffen an (➥ 2.2). Deshalb führt eine Suche mit einer Frage oder einem ganzen Satz selten zum gewünschten Erfolg.

Warum?

Der Grund liegt darin, dass in einer Frage oder in einem Satz oft viele kleine Wörter stecken, die auf fast jeder Webseite vorkommen. Dies können z. B. die Wörter „der", „die", „in" oder „auf" sein.

Bei der Suche sollten folglich stets

- **einfache**,
- **eindeutige** und
- **genaue**

Suchbegriffe verwendet werden.

Natürlich ist immer und jederzeit auf die **Rechtschreibung** zu achten. Setzt du einen Suchbegriff in Anführungszeichen, erscheinen nur noch Webseiten, die die einzelnen Wörter des Suchbegriffs in genau dieser Reihenfolge enthalten.

z. B. "Sehenswürdigkeiten in Bayern"

A2 Mit einer Suchmaschine suchen

1. Wähle diejenigen Schlagwörter aus, die dir bei der Suche mit einer Suchmaschine helfen. Du kannst diese Aufgabe auch interaktiv lösen. Öffne dazu die hinterlegte Datei (🖵).

genaue Suchbegriffe | verschachtelte Sätze | möglichst lange Texte | eindeutige Begriffe | ausführliche Fragen | einfache Begriffe

2. Erstelle eine Liste mit Regeln, mit deren Hilfe du passende Ergebnisse erhältst.

38105-10
interaktive Datei zu A2

MERKE

Bei der Suche mit einer Suchmaschine ist die sinnvolle **Auswahl der Suchwörter** sehr wichtig, damit möglichst nur hilfreiche Seiten angezeigt werden und diese in der Ergebnisliste auch weit vorne stehen. Aus diesem Grund sind **einfache**, **eindeutige** und **genaue** Suchbegriffe zu verwenden.

AUFGABEN

1 „Der Computer wurde zur Lösung von Problemen erfunden, die es früher nicht gab." Benenne die Person, die dies gesagt hat. 🖵

2 Führe die Suche durch und notiere die URL einer geeigneten Fundstelle. Formuliere bei den Teilaufgaben b), c) und d) eine kurze Antwort in eigenen Worten. 🖵

a) Suche eine Formulierung der Abseitsregel im Fußball.
b) Recherchiere, wann und wo genau man in Deutschland die nächste totale Sonnenfinsternis sehen kann.
c) Das Dorf Oimjakon gilt als der kälteste bewohnte Ort der Welt. Finde heraus, wo es liegt und warum es dort so kalt ist.
d) Es gibt in Deutschland mehrere Orte mit dem Namen Niederwald. In einem ist sowohl das Geburtshaus eines weltberühmten Mannes als auch sein Grab. Finde den Namen des Mannes und die genaue Lage des Ortes.

EINSTIEG

Seit kurzem spielt Tim in seiner Freizeit Eishockey. Ihn interessiert alles, was mit dieser Sportart zu tun hat. Mithilfe einer Suchmaschine sucht er nach Trainingsvideos und neuen Tricks.

- Wie soll er dabei am besten vorgehen?
- Kennst du bereits Möglichkeiten, wie er seine Suche weiter einschränken kann?

ERARBEITUNG

Vorbereitung ist das A und O

Ausgangspunkt für eine erfolgreiche Suche ist die Frage: „Was weiß ich bereits?"

Das heißt nicht, dass man vor der Suche schon alles wissen muss. Für eine erfolgreiche Suche überlegt man sich aber immer, welche Begriffe schon bekannt sind oder welche Begriffe mit dem Thema zu tun haben.

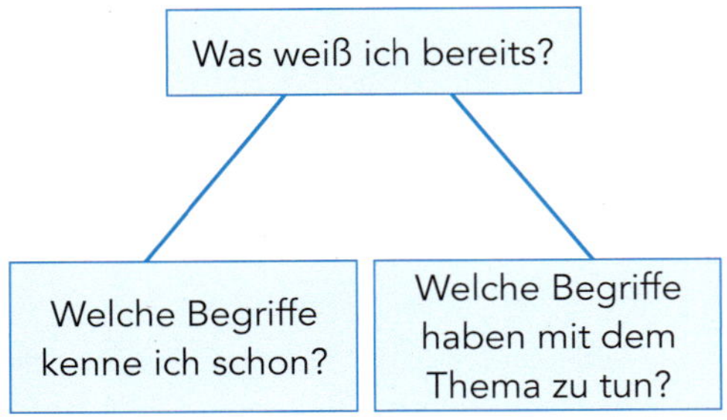

Oft ist eine **Suchwortliste** hilfreich. Sie enthält z. B. Überbegriffe, verwandte Begriffe oder Synonyme.

Synonym: anderes Wort mit der gleichen Bedeutung

Suchwortliste zum Thema: Sehenswürdigkeiten in Bayern
Überbegriffe: Deutschland, Bundesland, ...
Verwandte Begriffe: ...
Synonyme: ...

A1 Eine Suchwortliste erstellen

Erstelle eine Suchwortliste zu folgenden Themen:

1. Bekannte Kartenspiele
2. Sportarten
3. Tiere in Australien

Suchoptionen – Ergebnisse filtern

Nachdem ein Suchbegriff eingegeben wurde, kann eine Suchmaschine nach bestimmten **Dateitypen** (z. B. Bildern oder Videos) suchen.

Ein Filter ist vergleichbar mit einem Sieb. Er sortiert bestimmte Dinge aus.

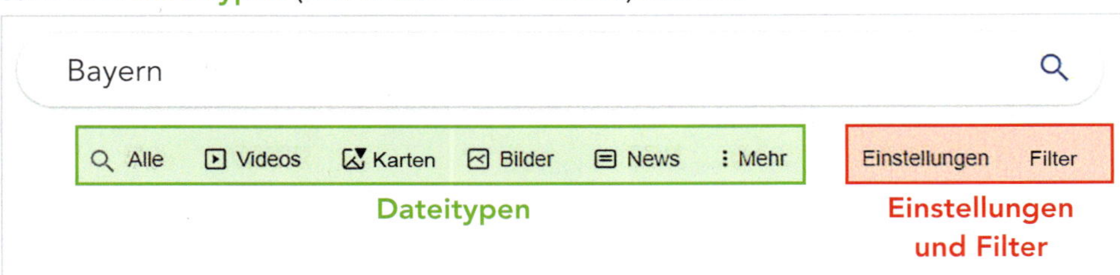

Für eine verfeinerte Suche stehen die Möglichkeiten der **Einstellungen** und des **Filters** zur Verfügung.
Mit dem Filter kann die Suche schnell und einfach eingeschränkt werden. Reicht dies nicht aus, können Einstellungen die Suche noch genauer eingrenzen.

Beispielsweise kann bei der Bildersuche (Dateityp Bilder) mithilfe des Filters und der Einstellungen die Suche weiter eingegrenzt werden.

Tipp
*In den Einstellungen kannst du unter dem Punkt Sucheinstellungen die **Sichere Suche** aktivieren. Diese filtert nicht jugendfreie Inhalte und Inhalte mit Gewalt heraus.*

A2 Suchoptionen eingrenzen

1. Nenne Dateitypen, nach denen du die Suche eingrenzen kannst.
2. Erkläre kurz die Aufgabe der Sicheren Suche. Aktiviere die Sichere Suche.
3. Nenne Filter, die dir bei der Bildersuchmaschine zur Verfügung stehen.
4. Erkläre deinem Partner oder deiner Partnerin mit eigenen Worten kurz den Unterschied zwischen den Einstellungen und dem Filter.

Werbeanzeigen

Oft werden unter die Suchergebnisse noch Werbeanzeigen gemischt. Diese sind an dem Wort **Anzeige** zu erkennen.

A3 Auf Werbung achten

Suche nach einem günstigen Hotel in München. Achte auf Anzeigen.

MERKE

Im Vorfeld einer Suche hilft eine **Suchwortliste**. Damit wird alles Wichtige rund um die Suche gesammelt. Die Suche selbst kann weiter **eingeschränkt**, oder nach bestimmten **Dateitypen** gefiltert werden. So kommt man noch schneller zu einem geeigneten Suchergebnis.

AUFGABEN

1 Suche zum Begriff „Eishockeytricks" jeweils eine passende Webseite, ein passendes Bild und ein passendes Video.

2 Tim hält in der Schule ein Referat zum Thema Eishockey.
a) Entscheide, welche Begriffe er in seine Suchwortliste aufnehmen sollte:
Regeln – Stars – Ergebnisse – Stadion – Spielfeld – Winter – Sport – Freizeit
b) Suche nach passenden Bildern für sein Referat.
c) Lass dir nun Bilder in schwarz-weiß anzeigen.

3 Finde eine Weltkarte auf der Südamerika, Afrika und Grönland zu sehen sind.

EINSTIEG

Tabea findet das Abiturzeugnis von Albert Einstein (siehe Bild). Sie meint: „Einstein war sehr schlecht in der Schule. Wie konnte er mit diesen Noten überhaupt das Abitur bestehen?" Igor ist überrascht: „Einstein war doch ein Genie, da stimmt doch was nicht!"

- Wer hat Recht?
- Wie passen die Aussagen von Tabea und Igor zu den Noten?

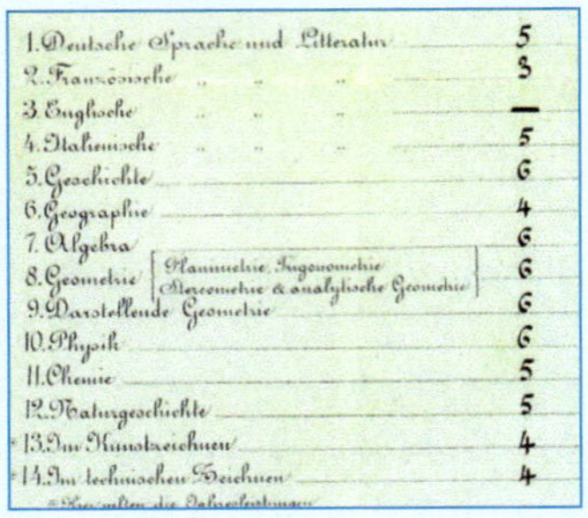

1. Deutsche Sprache und Litteratur	5
2. Französische " " "	5
3. Englische " " "	—
4. Italienische " " "	5
5. Geschichte	6
6. Geographie	4
7. Algebra	6
8. Geometrie [Planimetrie, Trigonometrie / Stereometrie & analytische Geometrie]	6
9. Darstellende Geometrie	6
10. Physik	6
11. Chemie	5
12. Naturgeschichte	5
*13. Im Kunstzeichnen	4
*14. Im technischen Zeichnen	4

ERARBEITUNG

Stimmen die Suchergebnisse?

Tabea sucht mit einer Suchmaschine den Begriff „Einstein". Sie erhält 133 000 000 Treffer. Bei so vielen Suchergebnissen muss man diese immer kritisch überprüfen und hinterfragen.

Jeder kann Informationen ins Internet stellen. Informationen können absichtlich oder versehentlich falsch sein.

- Habe ich das gefunden, was ich gesucht habe und deute ich die Information richtig?
- Kann ich der Quelle, in der ich die Information gefunden habe, vertrauen?
- Ist die Information aktuell?

Zur Sicherheit ist es häufig sinnvoll die Information, die auf einer Webseite steht, zu prüfen. Gibt es keine weitere Webseite, die das Suchergebnis bestätigt, ist stets zu überlegen, ob die Information richtig ist.

A1 Suchergebnisse beurteilen

38105-11
interaktive Datei zu A1

1. Ordne die Beispiele auf den farbigen Kärtchen den obigen Fragen zu. Du kannst diese Aufgabe auch interaktiv bearbeiten. Öffne dazu die hinterlegte Datei ( ).

A Als Name für die größte Stadt in Indien ist oft noch Bombay angegeben.
Aber: Die gesuchte Stadt wurde schon 1997 offiziell in Mumbai umbenannt.

B Man kann oft lesen, dass die Titanic den Rekord für die schnellste Atlantiküberquerung brechen wollte.
Das war aber nur eine Erfindung.

C Auf einer amerikanischen Webseite wird die Einwohnerzahl von China mit 1,428 Billion angegeben. Wie kann das sein, wenn auf der Erde nur etwa 7 Milliarden Menschen leben?

Ganz einfach: Es handelt sich um einen Übersetzungsfehler! Wenn man 1,428 Milliarden ins Englische (USA) übersetzt, heißt das 1,428 Billion.

2. Entscheide mithilfe weiterer Quellen, welche Aussage richtig ist. Gib deine Quellen an.

Aussage 1: „Eine Olympiade ist die Sportveranstaltung, die alle vier Jahre stattfindet."

Aussage 2: „Eine Olympiade ist der Zeitraum zwischen zwei Sportveranstaltungen."

Woran erkenne ich vertrauenswürdige Webseiten?

Folgende Punkte können bei der Entscheidung helfen, ob einer Webseite bzw. einer Information vertraut werden kann.

- Der Autor nennt seinen (richtigen und vollständigen) Namen.
- Die Webseite hat ein **Impressum** mit Post- und Mailadresse oder anderer Kontaktmöglichkeit.
- Die Seite ist klar strukturiert, übersichtlich und sinnvoll verlinkt.
- Es öffnen sich nicht eigenständig Fenster (z. B. mit Werbung).
- Die Texte auf der Webseite enthalten keine Rechtschreibfehler.
- Es handelt sich um Seiten von z. B. Universitäten, Forschungseinrichtungen, Verlagen, bekannten Organisationen oder Personen.
- Für Texte und Bilder auf der Webseite werden die Quellen angegeben.
- Die **Top-Level-Domain** ist vertrauenswürdig.

Das Impressum enthält Angaben zum Besitzer der Webseite.

Link: Verweis auf eine andere Webseite

Top-Level-Domain: meist die Endung der URL, z. B.: .de, .com, .org, .net, .info

A2 Webseiten prüfen

1. Öffne deine Schul-Webseite. Notiere drei Informationen, die im Impressum angegeben werden.
2. Teste auf deiner Schul-Webseite, ob dich die Links, die dort zu finden sind, auf die erwarteten Seiten weiterleiten.

```
Impressum
Musterschule
Musterstraße 12
12345 Musterstadt
E-Mail: Musterschule@Musterstadt.de
```

MERKE

Suchergebnisse müssen nicht immer richtige Informationen liefern und sollten deshalb durch weitere Suchvorgänge bestätigt werden.
Gründe können sein:
- Die Information an sich ist (absichtlich oder versehentlich) falsch.
- Die Bedeutung der Information ist eine andere.
- Die Information ist nicht mehr aktuell.
- Die Suchmaschine liefert falsche Treffer.

AUFGABEN

1 Entscheide durch geeignete Suche, ob folgende Angaben richtig oder falsch sind. Berichtige falsche Aussagen.
   a) „Die Erde dreht sich in genau 24 Stunden einmal um ihre Achse."
   b) „Die Chinesische Mauer kann man vom Mond aus sehen."
   c) „Grönland ist größer als Südamerika."

2 Öffne eine Webseite, die du häufig besuchst. Überprüfe, ob du der Webseite vertrauen kannst. Begründe deine Entscheidung.

3 Entscheide mithilfe weiterer Quellen, welche Aussage richtig ist. Gib deine Quelle an.
   a) Aussage 1: „Die Eselsbrücke „**M**ein **V**ater **E**rklärt **M**ir **J**eden **S**onntag **U**nsere **N**eun **P**laneten" hilft, sich die Planeten **M**erkur, **V**enus, **E**rde, **M**ars, **J**upiter, **S**aturn, **U**ranus, **N**eptun und **P**luto zu merken."
   Aussage 2: „In unserem Sonnensystem gibt es acht Planeten."
   b) Erkläre wie es zu diesem Widerspruch gekommen ist.

4 Erstelle eine Tabelle mit Top-Level-Domains, die du kennst. Notiere auch deren Bedeutung.

EINSTIEG

Max fertigt für die Schule einen Steckbrief seines Idols an. Dabei verwendet er Bildmaterial aus dem Internet.

- Beschreibe, was Max dabei beachten muss.
- Welche Probleme können auftreten?
- Würdest du dich auch für das Internet als Quelle für Bilder entscheiden? Begründe!

ERARBEITUNG

Der Urheber und das Werk

Als **Urheber** wird eine Person bezeichnet, die ein **Werk** geschaffen hat. Das **Urheberrechtsgesetz** schützt das Werk des Urhebers.

Gesetz über Urheberrecht und verwandte Schutzrechte (Urheberrechtsgesetz)

§ 2 Geschützte Werke

(1) Zu den geschützten Werken der Literatur, Wissenschaft und Kunst gehören insbesondere:

1. Sprachwerke, wie Schriftwerke, Reden und Computerprogramme;
2. Werke der Musik;
3. pantomimische Werke einschließlich der Werke der Tanzkunst;
4. Werke der bildenden Künste einschließlich der Werke der Baukunst und der angewandten Kunst und Entwürfe solcher Werke;
5. Lichtbildwerke einschließlich der Werke, die ähnlich wie Lichtbildwerke geschaffen werden;
6. Filmwerke einschließlich der Werke, die ähnlich wie Filmwerke geschaffen werden;
7. Darstellungen wissenschaftlicher oder technischer Art, wie Zeichnungen, Pläne, Karten, Skizzen, Tabellen und plastische Darstellungen.

(2) Werke im Sinne dieses Gesetzes sind nur persönliche geistige Schöpfungen.

A1 Das Urheberrechtsgesetz verstehen

1. Lies zunächst § 2 des Urheberrechtsgesetzes.
2. Notiere fünf Werke (aus unterschiedlichen Bereichen), die urheberrechtlich geschützt sind.
3. Überlege dir Gründe, warum und wovor man das Werk und den Urheber schützen muss.

Rechte des Urhebers

Als Urheber eines Werkes kann man darüber entscheiden, …

- ob ein anderer das Werk verwenden darf.
- wie das Werk veröffentlicht werden darf.
- ob das Werk bearbeitet und verändert werden darf.
- ob der Name des Urhebers genannt werden muss.
- unter welchen Bedingungen das Werk verwendet werden darf.

Das Urheberrecht gilt nach dem Tod des Urhebers weiter und erlischt **70 Jahre nach seinem Tod**. Danach dürfen die Werke des Urhebers von jedem **frei verwendet** werden. In **Deutschland** gilt das Urheberrecht automatisch für **jedes Werk**.

Wichtig ist, ob ein Bild privat genutzt, oder veröffentlicht werden soll.

In anderen Ländern, z. B. USA wird durch ein ***Copyright-Zeichen ©*** angezeigt, dass jemand Urheberrechte für sich beansprucht.

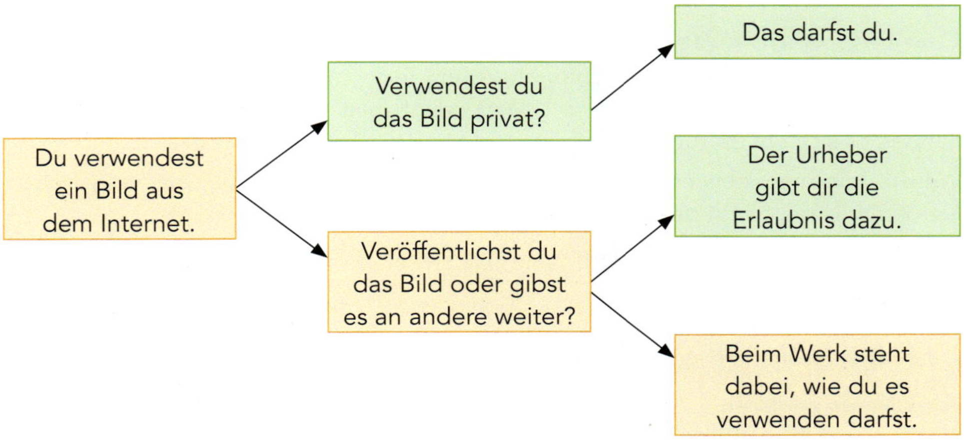

A2 Die Rechte des Urhebers kennen

1. Nenne die Rechte des Urhebers.
2. Erkläre deinem Partner oder deiner Partnerin das obige Diagramm.

MERKE

Das **Urheberrechtsgesetz** schützt das **Werk** des **Urhebers**. Dabei regelt es die Rechte des Urhebers und der Personen, die das Werk verwenden. In Deutschland gilt das Urheberrecht **automatisch** bis **70 Jahre** nach dem Tod des Urhebers.

AUFGABEN

1 Erstelle ein Informationsplakat über das Urheberrecht.

2 Ermittle, was die Schülerinnen und Schüler in folgenden Fällen beachten müssen. Beurteile, ob sie das dürfen oder nicht.

a) Max findet bei einer Recherche für die Schülerzeitung ein lustiges Foto.
- Er lädt es herunter und nutzt es als Bildschirmhintergrund auf seinem Handy.
- Er verwendet es auf der Webseite der Schülerzeitung.

b) Anna hat sich für eine Party in der Schule ein originelles Outfit überlegt, das perfekt zu ihrer neuen Frisur passt. Diana gefällt das Outfit und sie kommt im gleichen Outfit zur Party.

3 „Urheberrecht und freies Internet passen nicht zusammen", beschweren sich viele Internetnutzer.

a) Sammle Gründe für und gegen das Urheberrecht.

b) Präsentiere dein Ergebnis deiner Klasse.

2.7 Die Quellenangabe

EINSTIEG

Lynn hat für ihr Referat eine Präsentation vorbereitet und verwendet dafür Bilder und Informationen aus dem Internet. Im Informatikunterricht hat sie schon das Urheberrechtsgesetz kennengelernt.

- Beurteile: Darf Lynn die Bilder und Informationen verwenden?
- Was muss sie dafür noch beachten?

ERARBEITUNG

Quellenangabe – Was musst du angeben?

Wird ein fremdes Werk (z. B. ein Bild, Musik, ein Text, …) verwendet, muss angeben werden, woher dieses Werk stammt. Dies nennt man **Quellenangabe**. Andernfalls handelt es sich um Betrug. Dieser ist strafbar und wird als **Plagiat** bezeichnet.

Plagiat: Diebstahl von fremdem geistigen Eigentum (z. B. Text, Bild, Idee,…)

Welche Informationen bei einer Quellenangabe benötigt werden und angegeben werden müssen, hängt davon ab, woher das verwendete Werk stammt.

Die folgenden Informationen dürfen in einer Quellenangabe jedoch nicht fehlen:

- Name des Urhebers
- Titel der Quelle
- Jahr der Veröffentlichung

A1 Quellen angeben

1. Erkläre deinem Partner oder deiner Partnerin mit eigenen Worten, wann du eine Quellenangabe brauchst und was du dabei immer angeben musst.
2. Informiere dich mithilfe einer dir bekannten Suchmaschine über Strafen bei Plagiaten.

Bilder aus dem Internet

Allgemein: Name des Fotografen (Nickname, wenn der richtige Name unbekannt ist), „Titel des Bildes“, URL, Datum des Aufrufs der URL

Beispiel: Unbekannt, „Flagge Deutschland“, https://europa.eu/european-union/about-eu/countries/member-countries/germany_de, 02.01.2020

Ist eine dieser Angaben nicht auffindbar, kann man auch „unbekannt“ schreiben.

A2 Quellen für ein Bild aus dem Internet angeben

1. Lynn zeigt in ihrem Referat die schwedische Nationalflagge. Das Bild hat sie im Internet gefunden. Deshalb muss sie die Quelle angeben. Aber: Hier ist etwas durcheinandergeraten!

„Flagge Schweden“, 02.01.2020, http://www.nationalflaggen.de/flaggeschweden.html, Unbekannt

Hilf Lynn, die Quellenangabe für ihr Bild richtig zu ordnen.

2. Suche im Internet die Wappen des Freistaates Bayern und des Regierungsbezirks, in dem du lebst.
   a) Speichere beide Dateien unter einem sinnvollen Namen ab.
   b) Notiere die Quellenangaben zu deinen Bildern.

Tipp: Bei der Informationssuche im Internet (z. B. zu einem Referat) hast du sehr schnell sehr viele Dateien gespeichert. Gib deinen Dateien sinnvolle Dateinamen.

Text oder Information aus dem Internet

Selbst wenn nur ein kurzer Textabschnitt übernommen wird, ist dafür die Quelle anzugeben.

Allgemein: Name des Autors, Titel der Seite, URL, Datum des Aufrufs der URL

Beispiel: Unbekannt, „Bevölkerung", https://www.destatis.de/DE/Themen/Gesellschaft-Umwelt/ Bevoelkerung/Bevoelkerungsstand/_inhalt.html;jsessionid=2455E1C6E7FCE033C89FADA6F30202E4.internet732, 02.01.2020

Autor: Person, die einen Text geschrieben hat

Ist der Name des Autors nicht zu finden, schreibt man „unbekannt".

A3 Quellen für einen Text oder eine Information aus dem Internet angeben

1. Suche im Internet die Einwohnerzahlen für drei bayerische Großstädte.
2. Notiere die Einwohnerzahl und die Quellenangabe.
3. Vergleiche deine Ergebnisse mit einem Partner oder einer Partnerin.

Text aus einem Buch

In einem Buch befinden sich die benötigten Angaben auf dem Titel und im Impressum.

Allgemein: Name des Autors (der Autoren): Titel des Buches. Verlag, Erscheinungsort und Erscheinungsjahr, Seite

Beispiel: Karl Haubner und Engelbert Vollath: FormelPLUS 5. C.C.Buchner Verlag, Bamberg 2017, S. 25

Das Impressum des Buches ist in der Regel zwischen Titel und Inhaltsverzeichnis auf einer der ersten Seiten. In manchen Büchern ist es aber auch am Ende des Buches zu finden.

A4 Quellen für einen Text aus einem Buch angeben

1. Notiere für drei deiner Schulbücher die Quellenangabe.
2. Vergleiche anschließend mit einem Partner oder einer Partnerin.

MERKE

Werden fremde Werke verwendet, muss immer die **Quelle angegeben** werden. Welche Informationen bei einer Quellenangabe benötigt werden, hängt davon ab, woher das verwendete Werk stammt.

AUFGABEN

1 Kai sammelt Informationen zum Thema „Winkel". Er will die abgebildete Beschreibung aus seinem Schulbuch „Mein Mathebuch 5" verwenden und notiert sich folgende Stichpunkte:
Seite 53 aus „Mein Mathebuch 5" von M. Müller.

> Ein Winkel wird von zwei Schenkeln begrenzt, die einen gemeinsamen Scheitelpunkt S besitzen.
> 53

a) Bringe die Angaben in die richtige Reihenfolge.
b) Nenne die Informationen, die für eine vollständige Quellenangabe fehlen.
c) Recherchiere im Internet:
Finde eine passende Abbildung und gib die Quelle an.

2 Erstelle ein Informationsplakat über Quellenangaben.

3 Finde Gemeinsamkeiten und Unterschiede bei Quellenangaben verschiedener Medien. Vergleiche mit einem Partner oder einer Partnerin.

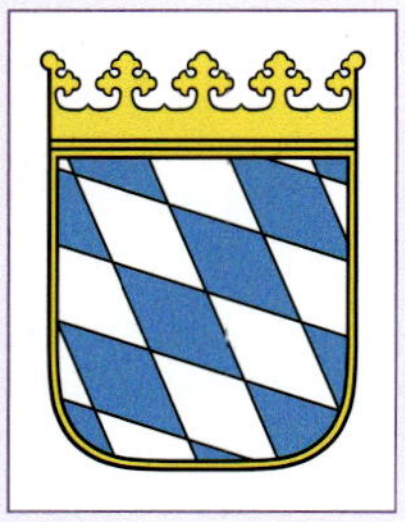

In diesem Kapitel hast du einiges über die Suche im Internet gelernt. Jetzt hast du die Gelegenheit, dieses Wissen im Projekt „Der Steckbrief" anzuwenden. Denke dabei an alles, was du gelernt hast – also auch an die Quellenangaben.

Um Quellen übersichtlich darzustellen, werden auf der nächsten Seite Fußnoten als ein wichtiges Hilfsmittel vorgestellt (➥ Seite 43). Du kannst diese bei deinem Steckbrief verwenden.

Deine Lehrkraft verrät dir, zu welchem Bundesland du den Steckbrief erstellen sollst.

	STECKBRIEF
Bundesland	
Landeshauptstadt	
Einwohnerzahl	
Fläche	
Lage in Deutschland	
Angrenzende Nachbarländer	
Länge der Grenze zu den Nachbarländern	
Regierungsbezirke	
Großstädte	
Ministerpräsident/Ministerpräsidentin	
Sehenswürdigkeiten	
Bekannte Persönlichkeiten	
Bekannte Sportvereine	
Natur	
Flüsse und Seen	
Besonderheiten	

38105-12
Steckbrief als Textdatei

Erstelle einen Steckbrief oder öffne die hinterlegte Datei (🖵).

1. Notiere dir, über welche Bereiche du informieren möchtest.
2. Notiere dir, was du schon über das dir zugeteilte Bundesland weißt.
3. Plane dein Vorgehen und erstelle eine Suchwortliste. Nutze dazu das Strategiediagramm am Ende dieser Doppelseite.
4. Fülle den Steckbrief mit Informationen.
5. Füge das Wappen des betrachteten Bundeslandes ein.
6. Füge passende Fotos in den Steckbrief ein. Ergänze auch hier die Quellenangaben.
7. Präsentiere deinen Steckbrief deiner Klasse.

STRATEGIE

Was weiß ich bereits? → Hilfsmittel: Suchwortliste →

→ Welche Begriffe kenne ich schon?

→ Welche Begriffe haben mit dem Thema zu tun?

→ Über- und Unterbegriffe

→ Synonyme

→ verwandte Wörter

HILFSMITTEL

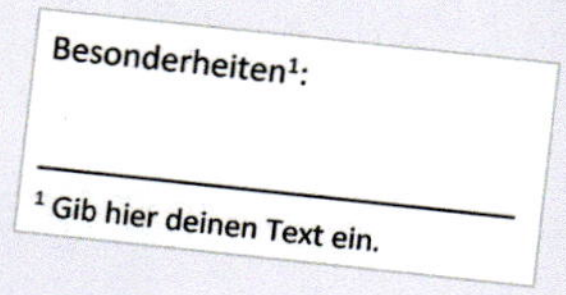

Fußnoten

Eine sehr übersichtliche Möglichkeit, Quellen in Textdokumenten anzugeben, sind **Fußnoten**.

Je nachdem, welches Pogramm du verwendest, geht das so:

1. Wähle die Stelle in deinem Textdokument aus, an der du die Fußnote einfügen möchtest.
2. Wähle die Registrierkarte „Verweise" („Referenzen").

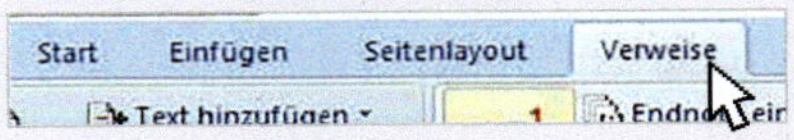

3. In der Gruppe „Fußnoten" findest du die Option „Fußnote einfügen". Klicke darauf.

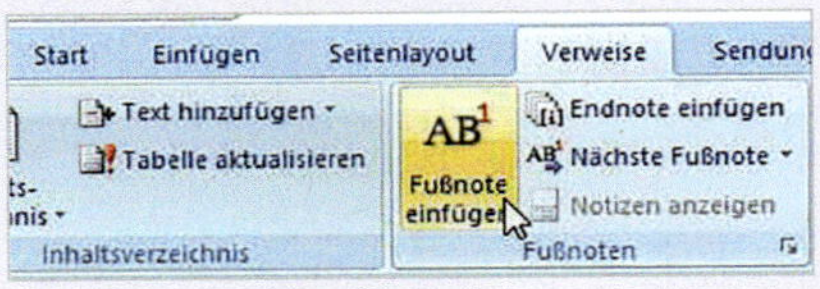

4. Jetzt erscheint unten auf der Seite die Fußnote. Dort kannst du deinen eigenen Text eingeben.

1. Wähle die Stelle in deinem Textdokument aus, an der du die Fußnote einfügen möchtest.
2. Wähle die Registrierkarte „Einfügen". Klicke auf „Fuß-/Endnote".

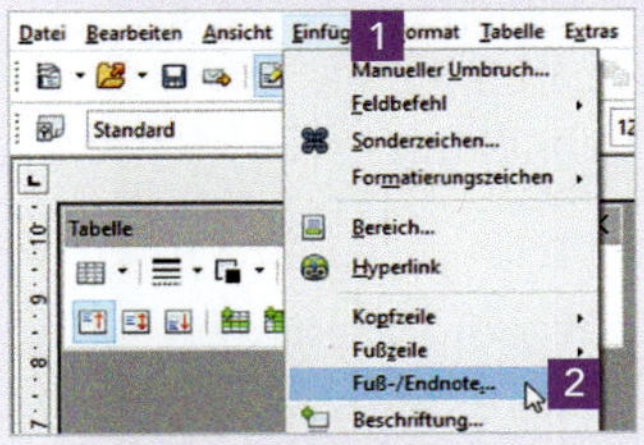

3. Wähle bei Nummerierung „Automatisch" und bei Art „Fußnote". Bestätige dann mit „OK".

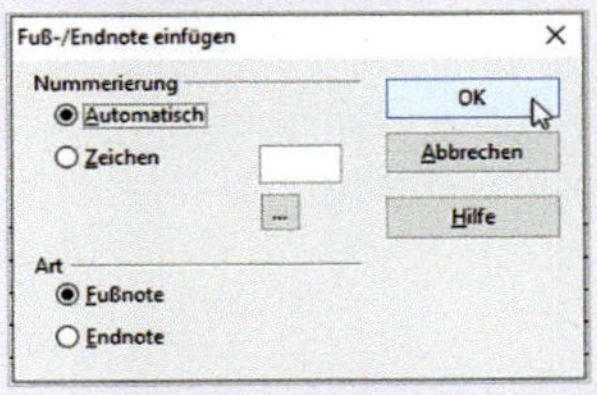

4. Jetzt erscheint unten auf der Seite die Fußnote. Dort kannst du deinen eigenen Text eingeben.

Bekannte Persönlichkeiten

Bekannte Sportvereine

Natur

Besonderheit[1]

[1]Gib hier deinen Text ein.

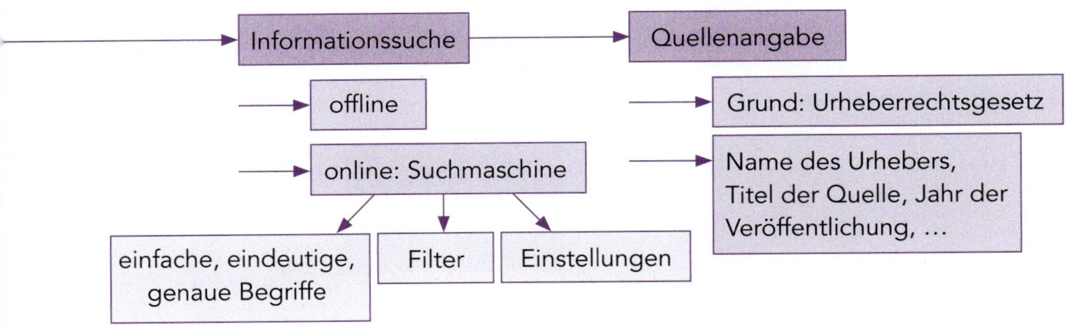

1 Browser gibt es auch auf mobilen Endgeräten, z. B. auf dem Tablet. Die Grundfunktionen sind dort oft etwas versteckt.

38105-13 interaktive Datei zu Aufgabe 1

Benenne die Grundfunktionen und ordne sie den markierten Stellen zu. Du kannst diese Aufgabe auch interaktiv bearbeiten. Öffne dazu die hinterlegte Datei ( ).

Benenne die Grundfunktionen. Im Vergleich zum PC fehlt eine – welche ist dies? Und warum findest du sie nicht auf dem Tablet? Finde eine Erklärung.

2 Recherchiere im Internet zum angegebenen Thema.

Thema: Der hundertjährige Kalender

a) Was versteht man unter dem hundertjährigen Kalender?
b) Von wem wurde er wann und wo erstellt?
c) Ist der hundertjährige Kalender gültig? Entscheide und belege, ob er gültig ist oder nicht.

Thema: Berühmte Bilder

a) Finde ein bekanntes Foto, auf dem ein Matrose eine Frau küsst.
b) Wo und wann ist das Foto entstanden?
c) Was war der Grund für diesen Gefühlsausbruch?

3 Bestätige oder widerlege folgende Aussagen.

„Hurrikane und Tornados sind dasselbe."

„Zyklone und Taifune sind dasselbe."

4 Gib an, von wem folgende Zitate oder Bilder stammen. Nenne deine Quelle.

a) „Für die Zukunft sind Computer mit weniger als 1,5 Tonnen Gewicht vorstellbar."

b) „Wir leben alle unter dem gleichen Himmel, aber wir haben nicht alle den gleichen Horizont."

a) „Das also war des Pudels Kern."

b)

5 Bayern wurde nicht immer so geschrieben wie heute.

a) Finde heraus, wie Bayern bis 1825 geschrieben wurde.
b) Nenne die Person, die für die Änderung verantwortlich war und finde ein Bild dieser Person.
c) Nenne den Grund für die Änderung der Schreibweise.
d) Gib deine Quellen an.

6 a) Notiere stichpunktartig wie du vorgehst, wenn du mit einer Suchmaschine passende Ergebnisse suchst. Was musst du dabei beachten? Vergleiche mit einem Partner oder einer Partnerin.

b) Erstelle jeweils eine Suchwortliste für die folgenden Begriffe.
- Kontinente
- Musikinstrumente
- Bestandteile eines Computers
- Freizeitaktivitäten

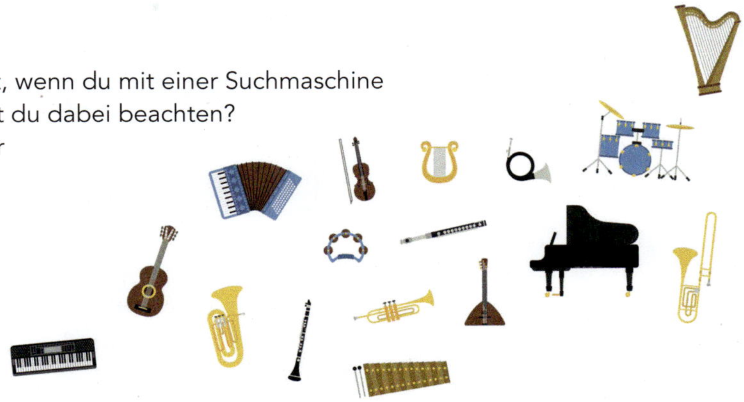

7 Entscheide, ob du dich auf die Information von folgenden Webseiten verlassen würdest. Begründe deine Entscheidung.

a) Der Text ist nach der alten Rechtschreibung verfasst.
b) Für Texte und Bilder werden die Quellen übersichtlich angegeben.
c) Es öffnen sich bei jedem Mausklick neue Werbefenster.

8 Melanie hat folgende Bilder für ihr Referat zum Thema „Die Alpen" gefunden.

a) Hilf ihr bei der Auswahl passender Bilder. Begründe deine Entscheidung.
b) Finde ein weiteres geeignetes Bild und gib die Quelle dazu an.

9 Recherchiere, ob folgende Aussagen richtig oder falsch sind.

a) „Das Land Brasilien wurde nach einem Baum benannt."
b) „Bei uns wird es Winter, weil zu dieser Zeit die Erde weiter von der Sonne entfernt ist."
c) „Ein Spiegel vertauscht links und rechts."

10 Für ein Referat soll der Begriff „Planeten in unserem Sonnensystem" in einer Suchmaschine eingegeben werden.

a) Verwende eine Suchmaschine für Erwachsene und notiere die Trefferzahl.
b) Verwende eine Suchmaschine für Kinder und notiere die Trefferzahl.
c) Notiere Gemeinsamkeiten und Unterschiede beider Suchmaschinen. Denke dabei an Kriterien wie z. B. …
- Textlänge
- Textverständlichkeit
- Anzahl der Treffer
- Werbung
- …

Begründe Gemeinsamkeiten und Unterschiede.

11 Altin gibt in Suchmaschinen immer einen ganzen Satz oder eine Frage ein. Leona dagegen sucht stets mit gezielten Begriffen.

38105-14
Tabel e zu
Aufgabe 11

a) Entscheide, wer bessere Suchergebnisse erhält. Begründe deine Einschätzung.
b) Vergleiche die Anzahl der Suchergebnisse. Übertrage dazu die Tabelle auf deinen Block. Du kannst auch die hinterlegte Datei nutzen, um deine Ergebnisse festzuhalten ( ). Ergänze ein weiteres Beispiel.

Suche	Suchbegriff	Treffer
Stichwort	Insektenarten	
Frage	Wie viele Insektenarten gibt es?	
Stichwort	Pigment	
Frage	Was ist ein Pigment?	
Stichwort	Organsystem	
Frage	Welche Organsysteme hat der Mensch?	
Stichwort		
Satz/Frage		

c) Vergleiche dein Ergebnis mit deiner Entscheidung aus Teilaufgabe a).
d) Finde Vor- und Nachteile von vielen bzw. wenigen Suchergebnissen.

12 Führe die Suche durch und notiere die URL einer geeigneten Fundstelle. Gib eine kurze Antwort in eigenen Worten an.

a) Im Jahr 2015 hat eine Raumsonde Bilder vom Kleinplaneten Pluto gemacht. Finde ein solches Bild und den Namen der Sonde.
b) Im selben Jahr hat eine andere Sonde einen weiteren Kleinplaneten erforscht. Finde den Namen des Kleinplaneten und der Sonde.

13 Entscheide durch geschickte Suche, ob folgende Angaben richtig oder falsch sind. Verbessere falsche Aussagen.
a) „Pilze sind weder Tiere noch Pflanzen."
b) „Jesus wurde nicht im Jahr Null geboren."
c) „Kolumbus wollte weder nach Amerika noch nach Indien segeln."

Gib die Quellen passender Webseiten an.

Das große Info-Quiz!

Hier sprechen Begriffe, die du in diesem Kapitel gelernt hast, über sich selbst. Die Zahlen in Klammern geben die Stelle eines Buchstaben im erratenen Begriff an, den du für das Lösungswort brauchst.

1. „Ich speichere zu jedem Suchbegriff eine Liste von Webseiten." ....(2)
2. „Ich bin ein großes Netz, das aus vielen Netzen besteht." ....(6)
3. „Ich bin ein Programm, das dich ins Internet bringt." ....(4)
4. „Ich habe ein Werk geschaffen." ....(4)
5. „Mit mir kannst du deine Suche weiter einschränken." ....(10)
6. „Ich bin ein Land, in dem das Urheberrechtsgesetz automatisch gilt." ....(11)
7. „Ich bin die Abkürzung für eine Internet-Adresse." ....(1)
8. „Ich gebe an, wo du ein Werk gefunden hast." ....(7)
9. „Ich sollte einfach, eindeutig und genau sein." ....(7)

1 „Es gibt viele verschiedene Browser. Diese haben stets unterschiedliche Grundfunkionen." Nimm Stellung zu dieser Aussage.

2 Tina möchte an der AG Schulsanitätsdienst teilnehmen. Sie informiert sich schon im Voraus darüber.

a) Sie erstellt eine Suchwortliste. Wie könnte diese aussehen?

b) Tina möchte wissen, wie sie helfen kann, wenn jemand von einer Biene gestochen wird. Sie gibt den Suchbegriff „Bienenstich" ein und wundert sich über die Anzeige:

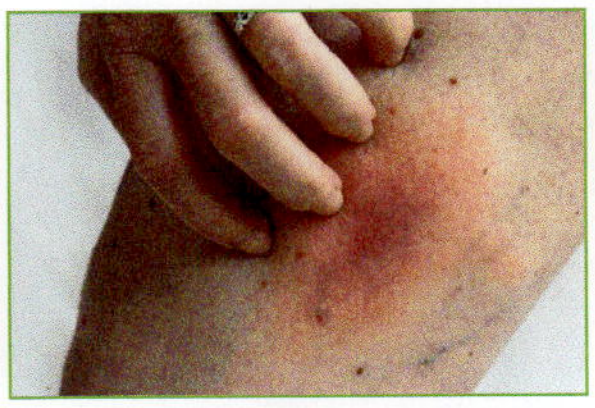

Begründe, welche Bilder für Tina in diesem Zusammenhang brauchbar sind.

c) Erläutere, wie du die Suche auf gewünschte Ergebnisse eingrenzen kannst.

3 Sven sagt: „Wenn ich als Quelle ein Buch angebe, muss ich nur den Titel des Buchs nennen." Beurteile Svens Aussage.

4 Supermusika stirbt am 18.09.2018. Bis wann sind seine Werke urheberrechtlich geschützt? Finde das Datum.

Ich kann...	in Aufgabe	Hilfe
die Grundfunktionen eines Browsers benennen.	1	2.1
effektive Strategien zur Informationsbeschaffung im Internet nutzen.	2a; 2c	2.3; 2.4
eine Suchmaschine bedienen.	2b	2.2; 2.3; 2.4
die Qualität von Suchergebnissen beurteilen.	2b	2.5
die Quellen zu Suchergebnissen angeben.	3	2.6; 2.7
das Urheberrechtsgesetz einhalten.	4	2.5

Der Browser als Weg ins Internet ➥ 2.1

Der Browser ist ein Programm, das die Tür zum Internet öffnet. Alle Browser schauen zwar anders aus, haben jedoch stets die gleichen Grundfunktionen.

Suchmaschinen ➥ 2.2

Eine Suchmaschine ist ein Programm, das Webseiten gezielt nach Informationen durchsucht.
Es gibt Suchmaschinen extra für Kinder. Diese liefern Suchergebnisse passend für die Altersstufe und verzichten meist auf Werbung.

Die Suche in Suchmaschinen ➥ 2.3, 2.4

Suchbegriffe müssen einfach, eindeutig und genau sein.
Eine Suchwortliste kann als Vorbereitung helfen. Man kann in Suchmaschinen auch nach bestimmten Dateitypen suchen.

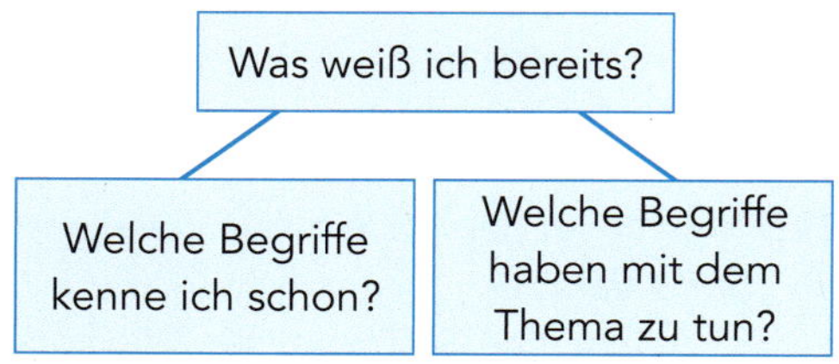

Die Qualität der Informationen ➥ 2.5

Informationen können absichtlich oder versehentlich falsch sein.
Beispiel: Die Information kann veraltet sein.
Deshalb ist eine Überprüfung der Suchergebnisse sinnvoll.

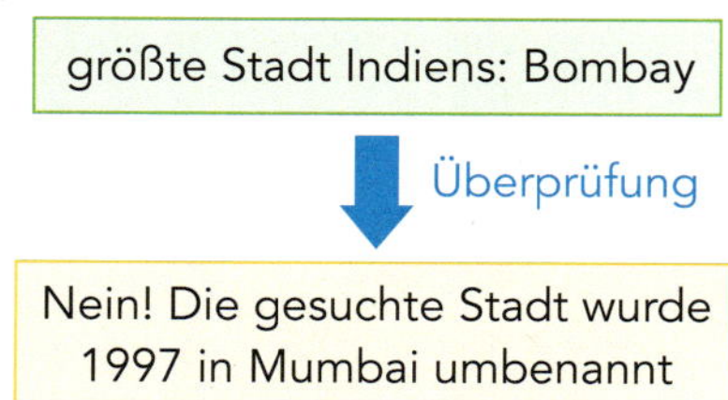

Das Urheberrechtsgesetz und Quellenangabe ➥ 2.6, 2.7

Das Urheberrechtsgesetz gilt in Deutschland automatisch. Es schützt das Werk des Urhebers und gilt bis 70 Jahre nach dessen Tod.
Verwendet man Inhalte aus fremden Werken, ist stets anzugeben, woher das Werk stammt und wer es geschaffen hat.

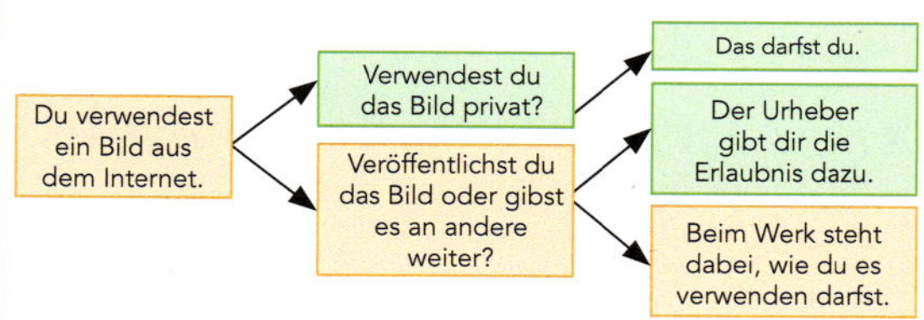

FACHBEGRIFFE

Hier findest du die wichtigsten Begriffe aus diesem Kapitel:

Internet
Browser
URL
Schutz persönlicher Daten
Suchmaschine
Kindersuchmaschine

Datenbank
Webcrawler
Suchbegriffe
- einfache Begriffe
- eindeutige Begriffe
- genaue Begriffe

Suchwortliste
Urheber
Werk
Urheberrechtsgesetz
Quellenangabe
Plagiat

3 Beschreibung von Abläufen durch Algorithmen

Einstieg

- Beschreibe die Aufgaben, die die Personen auf den Bildern ausführen.
- Formuliere Anweisungen, damit die Personen die Aufgaben durchführen können.
- Untersuche, ob deine Anweisungen so genau sind, dass ein Computer sie verstehen könnte.

Am Ende dieses Kapitels hast du gelernt, …

- Anweisungen im Alltag so genau zu formulieren und darzustellen, dass ein Computer sie verstehen kann.
- was ein Algorithmus ist und wie dieser als Verarbeitung im EVA-Prinzip umgesetzt ist.
- wie man Anweisungen kürzen und zu einem Ablauf zusammenfassen kann.

EINSTIEG

Luca hat ein Lieblingsessen: Pfannkuchen. Er möchte diese zum ersten Mal selbst backen. Seine Mutter legt ihm alle nötigen Zutaten auf den Küchentisch. Aber was soll er damit machen?

- Schreibe eine Liste mit allen Zutaten, die du auf dem Bild siehst.
- Formuliere Vorschläge, was Luca mit den Zutaten machen soll.

ERARBEITUNG

Anweisungen & Abläufe

Luca benötigt ein Rezept. Neben einer Liste mit Zutaten besteht ein Rezept auch aus einer Beschreibung aller nötigen Handlungsschritte. Ein Handlungsschritt ist eine **Anweisung** die angibt, was zu tun ist. Mehrere Anweisungen in einer Reihenfolge nennt man **Ablauf**.

A1 Anweisung oder Ablauf?

38105-30
Tabelle zu A1

Übertrage die Tabelle auf deinen Block oder öffne die hinterlegte Datei ().

	Anweisung	Ablauf
eine Bauanleitung		
ein Verkehrsschild		
eine Faltanleitung für einen Papierflieger		
ein Erklärvideo		

1. Entscheide jeweils, ob es sich um einen Ablauf oder eine Anweisung handelt.
2. Ergänze die Tabelle um weitere Beispiele.

Beschreibungsmöglichkeiten von Abläufen

Merkzettel zum Händewaschen
1. Wasser aufdrehen,
2. Hände nass machen,
3. Stück Seife benutzen,
4. Hände abwaschen,
5. Hände trocknen

Abläufe können auf unterschiedliche Art beschrieben werden, zum Beispiel als Abfolge von kleinen Bildern, von Sätzen oder als Liste von Anweisungen.

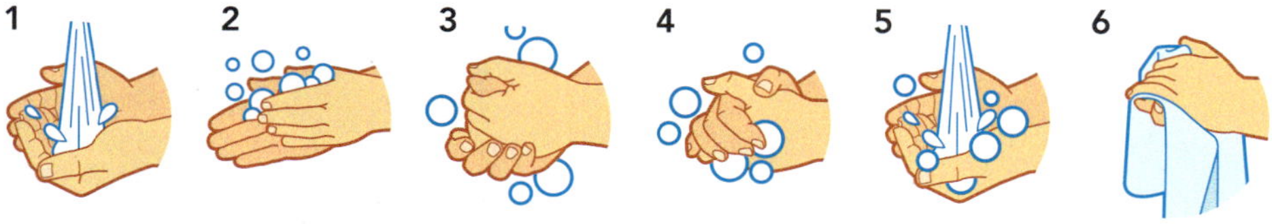

A2 Ein Papierschiff falten

Falte ein Papierschiff. Befolge dazu die Anweisungen der Faltanleitung in der richtigen Reihenfolge.

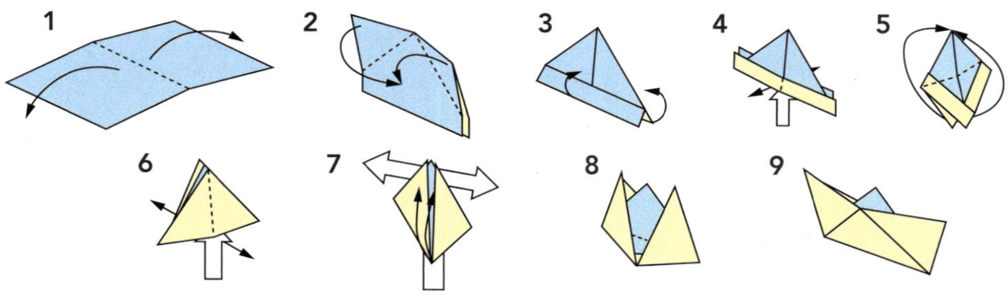

Abläufe genau beschreiben

Ein Ablauf muss so beschrieben sein, dass ein anderer Mensch, ein Computer oder ein Roboter genau weiß, was zu tun ist. Dazu müssen alle Anweisungen genau beschrieben und in der richtigen Reihenfolge angegeben werden.

Rezepte und Bastelanleitungen sind Beispiele für die Beschreibung von Abläufen.

A3 Abläufe genau lesen

Aus den nebenstehend abgebildeten Bausteinen werden Türme gebaut.

Ablauf 1: Setze zunächst den grünen Stein oben auf den blauen Stein. Setze auf diesen dann den gelben Stein.

Ablauf 2: Setze auf den blauen Stein zunächst den kleinen grünen Stein. Setze auf diesen dann den gelben Stein.

1. Überprüfe, welche Türme bei den beiden Abläufen entstehen können.

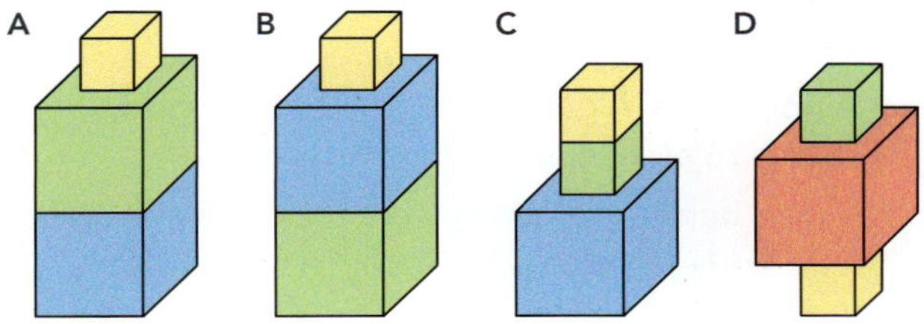

2. Entscheide, welcher Ablauf genauer beschreibt, was zu tun ist. Woran machst du den Unterschied fest?

MERKE

Abläufe bestehen aus einzelnen Handlungsschritten. Diese Schritte nennt man **Anweisungen**. Abläufe können zum Beispiel als Abfolge von Sätzen, als Liste von Anweisungen oder als Bildfolge dargestellt werden.
Alle Anweisungen müssen **genau** beschrieben sein. In Abläufen müssen sie in der richtigen **Reihenfolge** angeordnet werden.

AUFGABEN

1 In deinem Alltag findest du viele Anweisungen und Abläufe.

a) Bringe folgende Anweisungen in eine sinnvolle Reihenfolge.

Streiche dir ein Marmeladenbrot.	Räume das Geschirr in den Geschirrspüler.	Bereite eine Tasse warmen Kakao zu.	Trage einen Teller, eine Tasse, ein Messer und einen Löffel zum Tisch.

b) Gib dem Ablauf einen passenden Namen.
c) Finde Anweisungen, die für dich noch zu ungenau sind und für die du einen Ablauf benötigst.
d) Finde zwei weitere Abläufe aus deinem Alltag.
e) Gib den Abläufen aus Teilaufgabe d) passende Namen und notiere die dazugehörigen Anweisungen.

z. B. zu Hause oder bei deinen Hobbies

2 Stelle deinen Schulweg auf zwei verschiedene Arten dar. Präsentiere anschließend beide Ergebnisse einem Partner oder einer Partnerin.
Diskutiert, welche Darstellung verständlicher ist.

a) Skizziere eine einfache Karte.
b) Beschreibe den Weg in Sätzen.

EINSTIEG

Luca hat eine Anleitung für einen Papierflieger gefunden.

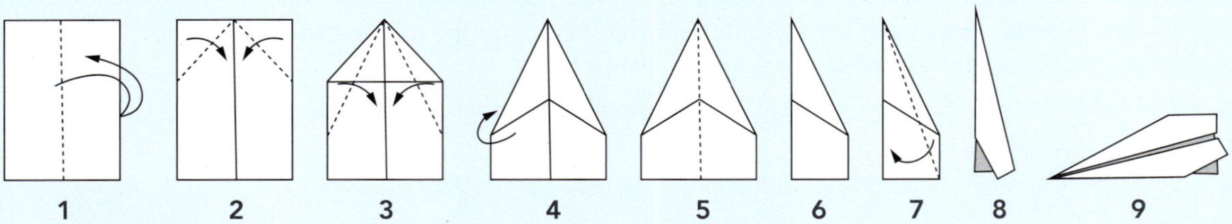

- Woran erkennst du, dass es sich bei dieser Anleitung um die Beschreibung eines Ablaufs handelt?

ERARBEITUNG

Das Wort Informatik setzt sich aus **Infor**mation und Auto**matik** zusammen.
Informatik beschäftigt sich mit dem Darstellen, Speichern, Verarbeiten und Übertragen von Informationen.

Was ist ein Algorithmus?

Die genaue Beschreibung eines Ablaufs durch eine Abfolge von Anweisungen nennt man in der Informatik Algorithmus. Algorithmen sind Kern des EVA-Prinzips (→ 1.1): Sie verarbeiten eine Eingabe zu einer eindeutigen Ausgabe.

Einige Algorithmen hat man bereits ausgeführt, ohne es bemerkt zu haben. So beispielsweise das schriftliche Addieren.

Eingabe		Verarbeitung		Ausgabe
1. Summand 2. Summand	→	Schriftliche Addition	→	eindeutiges Ergebnis

Auch ein Taschenrechner verwendet zum Addieren von Zahlen einen Algorithmus. Dieser muss allerdings in einer Sprache angegeben werden, die der Computer versteht.

38105-31
interaktive Datei zu A1

A1 Algorithmen erkennen

Bringe die Textbausteine in die richtige Reihenfolge und beschreibe so den Algorithmus der schriftlichen Addition anhand des abgebildeten Beispiels (d. h. ohne Zehnerübergang). Du kannst diese Aufgabe auch interaktiv bearbeiten. Öffne dazu die hinterlegte Datei (🖥).

- Addiere die Ziffern von Spalte 3 und schreibe das Ergebnis in Zeile 3, Spalte 3.
- Addiere die Ziffern von Spalte 2 und schreibe das Ergebnis in Zeile 3, Spalte 2.
- Schreibe den zweiten Summanden (hier: 12) in Zeile 2. Die Einerstelle steht in Spalte 3, die Zehnerstelle in Spalte 2.
- Schreibe den ersten Summanden (hier: 27) in Zeile 1. Die Einerstelle steht in Spalte 3, die Zehnerstelle in Spalte 2.

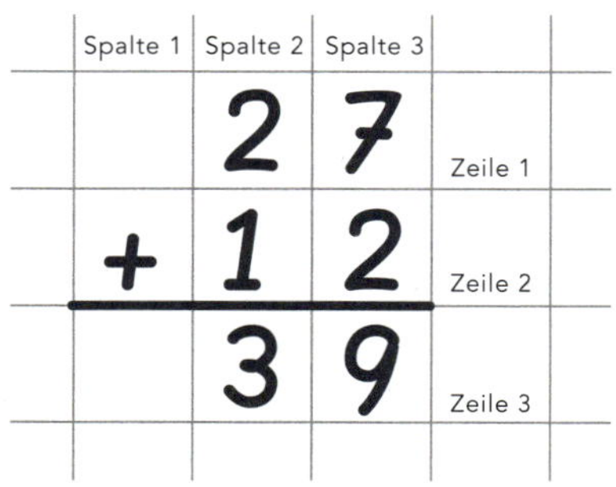

Algorithmen darstellen

Formuliert man einen Algorithmus mithilfe von Sätzen, sodass ein Mensch ihn versteht, ein Computer jedoch nicht, spricht man von einem **Pseudocode**.
Um Algorithmen übersichtlich darzustellen verwendet man Diagramme, zum Beispiel **Flussdiagramme**.

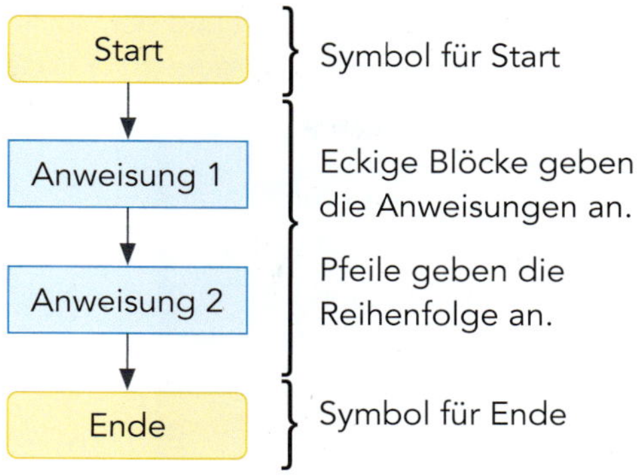

pseudo (gr.): *nachgeahmt*
code (engl.): *Kombination aus Text und Zeichen, mit denen man einen Computer programmiert*

A2 Ein Flussdiagramm erstellen

Peter meint: „Wenn ich die Schritte der schriftlichen Addition aus A1 (➥ A1 Algorithmen erkennen) richtig ordne, habe ich schon fast ein Flussdiagramm."

1. Begründe Peters Behauptung.
2. Nenne die Symbole, die Peter noch hinzufügen muss, um ein vollständiges Flussdiagramm zu erhalten.

MERKE

Ein **Algorithmus** ist eine spezielle Art von Ablauf. Beim EVA-Prinzip sorgen Algorithmen für die Verarbeitung der Eingabe zu einer eindeutigen Ausgabe. Algorithmen können als **Pseudocode** oder mithilfe von **Flussdiagrammen** dargestellt werden.

AUFGABEN

1 Die zehnjährige Elke erklärt ihrem kleinen Bruder Timo, der nun in die erste Klasse geht, worauf er beim Überqueren eines Zebrastreifens achten muss.

a) Wähle passende Anweisungen für diesen Algorithmus aus.

Warte bis ein Auto kommt.	Schaue nach hinten.	Schaue nach rechts.
Überquere die Straße.	Schaue nach links.	Bleibe am Straßenrand stehen.
Warte bis Mittag.	Bleibe in der Straßenmitte auf dem Zebrastreifen stehen.	

b) Finde weitere Algorithmen in deinem Alltag. Denke dabei zum Beispiel an Situationen im Supermarkt, beim Busfahren oder bei den Hausaufgaben.

2 Zeichne ein Flussdiagramm des angegebenen Pfannkuchenrezepts.

Pfannkuchen

- *4 Eier*
- *400 g Mehl*
- *100 ml spritziges Mineralwasser*
- *400 ml Milch*
- *1 Pck. Vanillezucker*
- *200 g Zucker*
- *1 Prise Salz*

Die Eier trennen und schaumig schlagen. Alle weiteren Zutaten in eine Schüssel geben und mit einem Mixer mischen, anschließend den Eischnee unterheben. Nun etwas Öl in einer Pfanne erhitzen und den Teig beidseitig ausbacken, bis der Pfannkuchen goldbraun ist.

3 a) Entwirf zunächst einen eigenen Papierflieger und erstelle eine Bauanleitung.

b) Arbeite mit einem Partner oder einer Partnerin weiter: Tauscht eure Anleitungen und bastelt den anderen Flieger.

c) Vergleiche deine Ergebnisse mit denen deines Partners oder deiner Partnerin. Ist zu einer Anleitung der gleiche Flieger entstanden?

EINSTIEG

Maria ist beim Abendessen und hat Durst. Sie fragt ihren Bruder: „Kommst du an das Wasser?" Peter sieht die Wasserflasche vor sich und sagt: „Ja."
Maria wartet einen Moment, aber ihr Bruder gibt ihr die Flasche Wasser nicht.

- Erkläre die Situation.
- Was hätte Maria sagen sollen?
- Nenne ein Beispiel aus deinem Alltag, bei dem du eine ungenaue Anweisung gegeben hast.

ERARBEITUNG

Wann ist eine Anweisung wirklich eine Anweisung?

Jede der Anweisungen auf dem Merkzettel zum Händewaschen könnte im Grunde selbst wieder ein Ablauf sein. Ausschlaggebend ist die **Ausführbarkeit**:

- Was ist machbar?
- Was weiß die Person (oder der Computer), die die Anleitung umsetzen soll, bereits?

„Springe 70 m!"
Dies ist für einen Menschen nicht machbar.

„Springe 4 m!"
Dies ist für einen Menschen machbar. Doch kennt der Sportler bereits die richtige Technik?

Merkzettel zum Händewaschen
1. Wasser aufdrehen,
2. Hände nass machen,
3. Stück Seife benutzen,
4. Hände abwaschen,
5. Hände trocknen

A1 Anweisungen von Abläufen abgrenzen

1. Formuliere die Anweisung „Stück Seife benutzen" als Ablauf.
2. Beschreibe, wann es genügt, die Anweisung „Stück Seife benutzen" nicht weiter auszuformulieren.

Regeln für gute Algorithmen

Richtigkeit: Die Anweisungen müssen richtig und in der richtigen Reihenfolge angegeben sein.

Kann man auch ein Stück Holz statt einem Stück Seife zum Händewaschen nutzen?

Genauigkeit: Die Anweisungen müssen unmissversändlich sein.

Sollen die Hände mit warmem oder kaltem Wasser gewaschen werden?

Vollständigkeit: Es dürfen keine Schritte fehlen und jeder mögliche Fall muss berücksichtigt werden.

Was ist zu tun, wenn kein Stück Seife, sondern nur Flüssigseife vorhanden ist?

A2 Richtig, genau und vollständig beschreiben

Starte in Partnerarbeit folgenden Versuch:

1. Öffne die hinterlegte Datei und betrachte Figur 1.
   Achtung: Arbeite verdeckt, sodass nur du Figur 1 sehen kannst.
2. Beschreibe deine Figur so, dass dein Gegenüber sie zeichnen kann.
3. Vergleiche das gezeichnete Ergebnis mit dem Original.
4. Tauscht nun die Rollen und führt den Versuch mit Figur 2 durch.

38105-32
Figuren zu A2

MERKE

Ein Algorithmus ist ein genau beschriebener Ablauf. Er muss bestimmte Eigenschaften erfüllen: Die einzelnen Anweisungen müssen **ausführbar** sein. Außerdem müssen Algorithmen **richtig**, **genau** und **vollständig** formuliert sein.

AUFGABEN

1 Begründe, welche der folgenden Formulierungen für einen Algorithmus geeignet sind. Du kannst die hinterlegte Datei nutzen um deine Ergebnisse festzuhalten ().

„eine Prise Salz“ | „mit geeignetem Werkzeug“ | „in 3 Sekunden“

„eine Drehung um 90° im Uhrzeigersinn“ | „1 m gerade aus“ | „bis es schön aussieht“

38105-33
Tabelle zu Aufgabe 1

2 Aufräumroboter Robbie räumt deine Socken auf. Skizziere die Situation auf einem karierten Blatt Papier und notiere deine Lösung als Flussdiagramm.

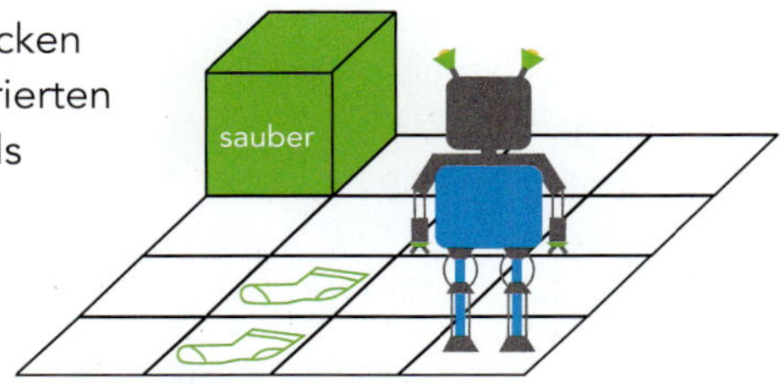

a) Verwende die Anweisungen „1 Schritt vor“, „1 Schritt zurück“, „1 Schritt links“ und „1 Schritt rechts“, damit er auf ein Feld mit einer Socke kommt.

b) Wenn der Roboter auf einem Feld mit Socke steht, gib ihm die Anweisung „hebe Socke auf“. Wenn er neben der Sockenkiste steht, gib ihm die Anweisung „lege Socke in Wäschebox“.

3 Abgebildet ist eine Schatzkarte. Du startest beim roten **X** und versuchst zum Schatz zu gelangen. Felder mit **!** kannst du nicht betreten.

a) Überprüfe, welcher Algorithmus zum Schatz führt.

38105-34
Schatzkarte aus Aufgabe 3

Alg 1: Gehe vier Abschnitte nach rechts, dann einen nach oben.

Alg 2: Gehe einen Abschnitt nach oben, dann drei Abschnitte nach rechts.

Alg 3: Gehe zwei Abschnitte nach rechts, dann einen nach oben. Gehe dann noch einmal zwei Abschnitte nach rechts.

Alg 4: Gehe nach oben, dann nach rechts.

b) Beschreibe, woran die Algorithmen scheitern, die nicht zum Ziel führen.

Denke an die Eigenschaften Ausführbarkeit, Richtigkeit, Genauigkeit und Vollständigkeit.

EINSTIEG

Ein „Lehrerroboter“ wird von Schülern gesteuert. Er soll das Fenster des Klassenzimmers öffnen.

- Beschreibe, auf was die Schüler dabei achten müssen.
- Versteht der Roboter alle Befehle?

ERARBEITUNG

Einen Roboter in einer Umgebung steuern

Ein Roboter führt die Anweisungen eines Algorithmus aus. Wichtig ist dabei:

- Der **Anfangszustand** des Roboters
  z. B. Startposition
- Der **Endzustand** des Roboters
  z. B. Zielposition
- Die **Eingabe** des Roboters: Was kann er verstehen?
  z. B. Sprachbefehle
- Die **Ausgabe** des Roboters: Was kann er tun?
  z. B. vorwärts gehen, drehen

A1 Roboterparcours Teil I

Steuert eure Lehrkraft als Roboter durch den abgebildeten Parcours. Geht dabei wie folgt vor:

1. Bildet den Parcours aus Teppichfliesen nach. Verwendet geeignete Gegenstände aus dem Klassenzimmer als Hindernisse (X).
2. Legt eine Start- (S) und eine Zielposition (Z) fest.
3. Steuert nun den Roboter durch den Parcours.
4. Treten Schwierigkeiten auf? Falls ja, überlegt euch Gründe und Verbesserungen.

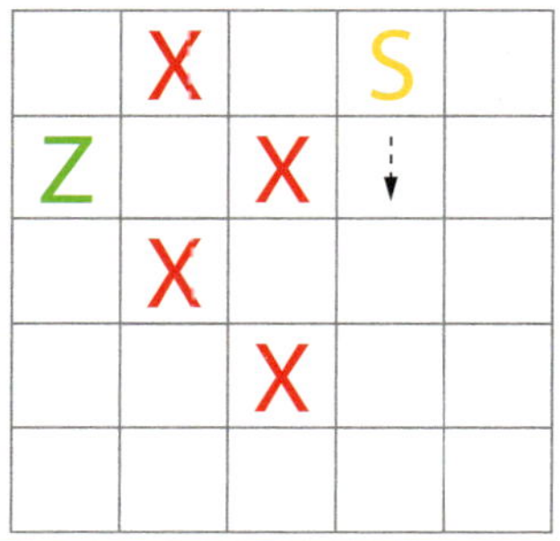

Anweisungen an einen Roboter übergeben

In einer Zuordnungstabelle kann man Anweisungen Symbole zuordnen, sie eindeutig benennen und eine genaue Beschreibung für sie angeben.

- Beispiel: Zuordnungstabelle für die Steuerung eines Roboters

Symbol der Anweisung	Name der Anweisung	Genaue Beschreibung der Anweisung
	vorwärts	Der Roboter geht eine Teppichfliese vorwärts.
	zurück	Der Roboter geht eine Teppichfliese zurück.
	links drehen	Der Roboter dreht sich nach links (90 Grad).
	rechts drehen	Der Roboter dreht sich nach rechts (90 Grad).

Damit können die Namen oder Symbole der Anweisungen in einem Flussdiagramm notiert werden.

Hat man die Anweisungen eines erfolgreichen Durchgangs notiert, findet der Roboter damit das nächste Mal allein den Weg durch den Parcours.

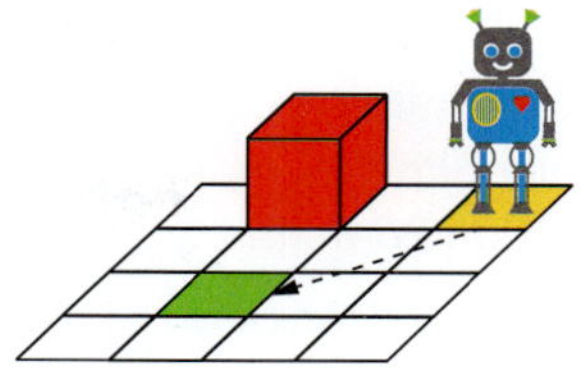

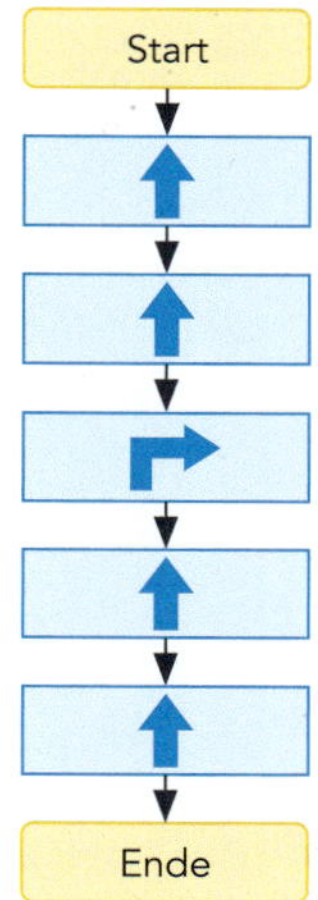

A2 Roboterparcours Teil II

1. Baut den unten abgebildeten Parcours mit Startposition (S), Zielposition (Z) und Hindernissen (X) auf.
2. Steuert nun die Lehrkraft entlang der folgenden Wege durch den Parcours. Verwendet nur Anweisungen, die ihr vorher festgelegt habt. Notiert alle Anweisungen. Treten dabei Probleme auf?

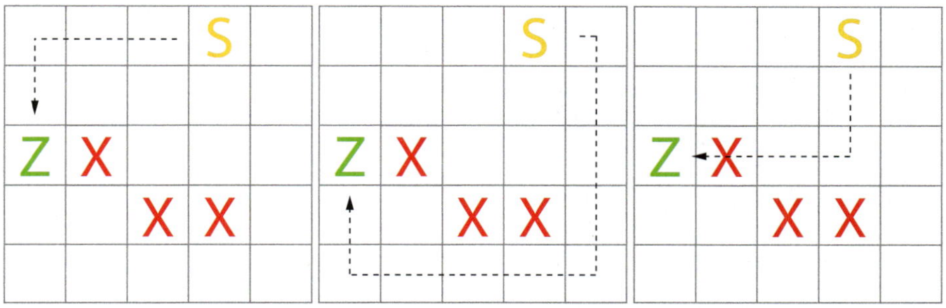

3. Beschreibt, wie sich die drei Algorithmen unterscheiden.

38105-35
Parcours aus A2

MERKE

Ein Roboter führt Anweisungen eines Algorithmus aus. Dazu müssen sein **Anfangszustand** und sein **Endzustand** bestimmt werden.
Den Anweisungen für einen Roboter müssen **eindeutige Namen** oder **Symbole** zugewiesen werden. In einer Zuordnungstabelle können Anweisungen als Symbol oder Name mit einer genauen **Beschreibung** verknüpft werden.

AUFGABEN

1 Steure einen Roboter durch deinen eigenen Parcours.

a) Erstelle einen Parcours auf einem karierten Blatt Papier. Denke an Startposition (S), Zielposition (Z) und Hindernisse (X).
b) Entwirf eine Zuordnungstabelle mit allen Anweisungen, die dein Roboter verstehen soll. Denke an …
   - Symbole der Anweisungen
   - Namen der Anweisungen
   - Eine genaue Beschreibung der Anweisungen
c) Zeichne in den Parcours verschiedene Wege für den Roboter ein.
d) Notiere die Algorithmen für jeden Weg.
e) Entscheide, welcher Algorithmus der kürzeste ist.

2 Erstelle zusammen mit einem Partner oder einer Partnerin einen Parcours mit Teppichfliesen oder mit Kreide auf dem Pausenhof. Verteilt zusammen die Rollen und legt fest, wer Roboter spielen und wer die Anweisungen geben darf. Tauscht anschließend die Rollen.

a) Verwendet als Anweisungen selbst ausgedachte Sprachbefehle.
b) Verwendet als Anweisungen Symbolkarten.

EINSTIEG

Luca und Maria lesen gerne die gleichen Bücher und unterhalten sich über die Geschichten. Maria hat noch nicht mit dem neuen Buch angefangen. Luca hat schon 26 Seiten gelesen.

- Welche Anweisung muss Luca Maria geben, damit sie genauso weit im Buch ist wie er?
- Überlege: Lässt sich diese Anweisung in genauere Anweisungen unterteilen?

ERARBEITUNG

Wiederholungen

Im Alltag erkennt man **Wiederholungen** daran, dass Anweisungen immer wieder im gleichen Muster auftreten.

Notiert man den zugehörigen Algorithmus, muss man die gleichen Anweisungen immer wieder aufschreiben.

Um einen solchen Algorithmus abzukürzen, gibt es eine besondere Art Anweisung: die **Schleife**.

Mit einer Schleife gibt man an, wie oft eine Anweisung wiederholt werden soll.

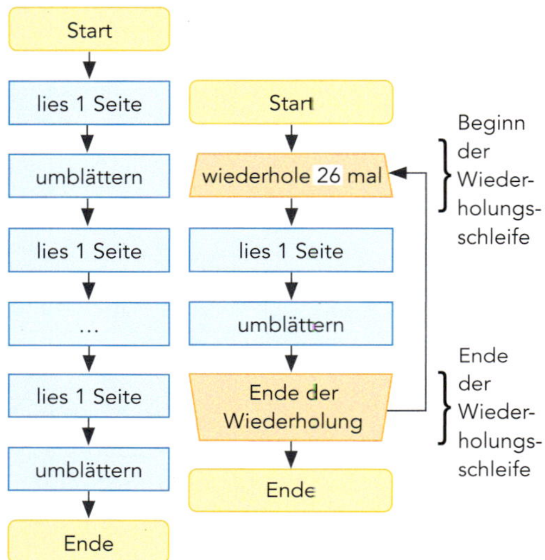

A1 Wiederholungen im Alltag finden

Im Sportunterricht trainiert Hans einen Fitnesszirkel mit fünf Stationen: Liegestütze, Kniebeugen, Sprünge über einen Kasten, Hampelmann und 25 m-Lauf.
An jeder Station werden zehn Wiederholungen durchgeführt. In dieser Sportstunde werden drei Runden absolviert.

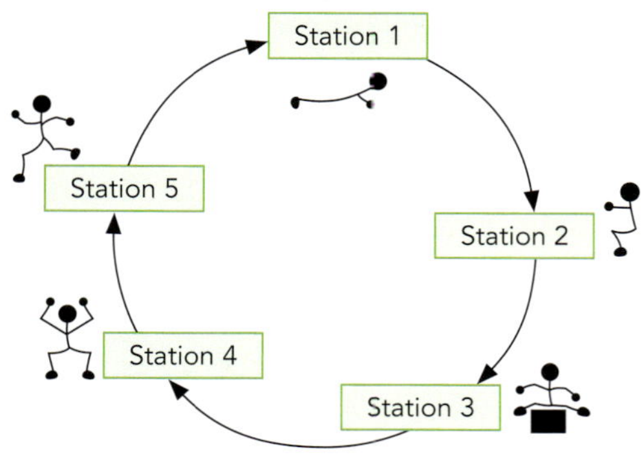

1. Finde drei Dinge die Hans dabei wiederholt.
2. Fertige zu einer Runde Fitnesszirkel ein Flussdiagramm an.

Muster finden

Eine Schleife kann man sich wie eine Schachtel vorstellen, die um andere Anweisungen herum gepackt ist. Wenn eine Anweisung oder ein Ablauf in eine andere Anweisung gepackt wird, spricht man von einer **Schachtelung**.

A2 Wiederholungsmuster finden

Zeichne ein möglichst kurzes Flussdiagramm zu den Abläufen A, B und C.
Verwende dazu die angegebenen Anweisungen.

Start | Ende | male Kreis

nimm den roten Stift | male Quadrat | Ende der Wiederholung

nimm den grünen Stift | male Dreieck | wiederhole ? mal

A
B
C

MERKE

Wiederholungen erkennt man daran, dass ein Muster öfter vorkommt.
Sich wiederholende Anweisungen lassen sich durch eine **Schleife** abkürzen.
In eine Schleife können Anweisungen gepackt werden (**Schachtelung**).

AUFGABEN

1 Gib für die Anweisungen jeweils die Anzahl der Wiederholungen an.

a) Die Anweisung „Schwimme 50 m.“, wenn die Beckenlänge 200 m beträgt.
b) Die Anweisung „Zur Schule gehen“ in einer normalen Schulwoche.
c) Die Anweisung „Anpfiff“ an einem Spieltag im Fußball, wenn an diesem Tag sechs Mannschaften spielen und zu jeder Halbzeit angepfiffen wird.

2 Die abgebildeten Anweisungen sollen genutzt werden, um den Ablauf „Vokabeln lernen“ zu beschreiben.

an den Schreibtisch setzen | Karte ansehen | Vokabelkasten wegpacken | Vokabelkarten auspacken

nachdenken | Karte nehmen | Rückseite ansehen

a) Ordne die Anweisungen der Reihe nach. Du kannst diese Aufgabe auch interaktiv bearbeiten. Öffne dazu die hinterlegte Datei ( ).
b) Finde aus den vorgegebenen Anweisungen diejenigen heraus, die sich wiederholen.
c) Fertige ein Flussdiagramm an.
d) Finde einen weiteren Ablauf aus deinem Alltag (z. B. einem Hobby), in dem Wiederholungen vorkommen.
e) Fertige zu diesem Ablauf ein Flussdiagramm an.

38105-36
interaktive Datei
zu Aufgabe 2

EINSTIEG

Helga bekommt zum Geburtstag eine Drohne geschenkt. Steuern kann sie diese mithilfe einer App auf ihrem Handy. Apps sind kleine Programme, die eine bestimmte, sehr spezielle Aufgabe erfüllen sollen. Apps und Programme bestehen aus Algorithmen, die technische Geräte, wie zum Beispiel eine Drohne, Tablets oder Handys, steuern.

- Welche Apps kennst du schon?

ERARBEITUNG

Algorithmen und Programme

Um einen menschlichen Roboter zu steuern, kann man Flussdiagramme oder Pseudocodes verwenden. Ein Computer führt Algorithmen in **Programmen** aus.

Ein Programm schreiben nennt man auch programmieren.

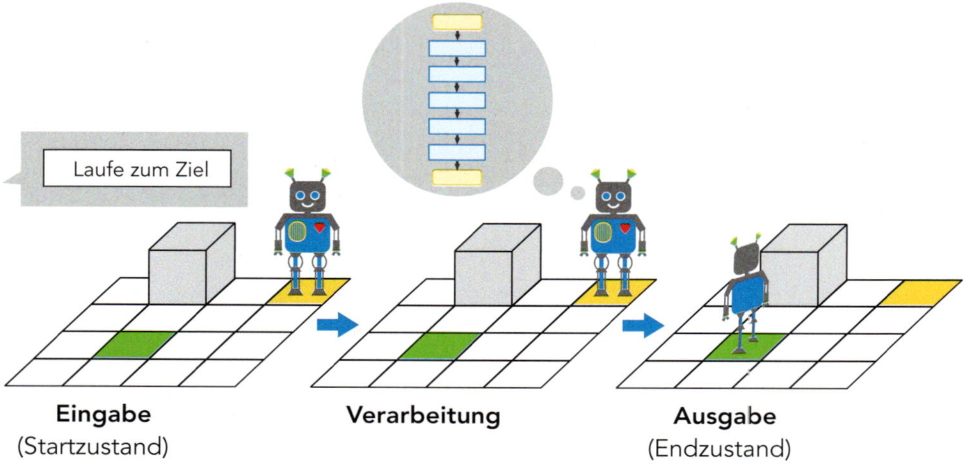

A1 Programme im Alltag

1. Nenne eine App, die du schon einmal verwendet hast.
2. Beschreibe die Aufgabe, für die du diese App verwendet hast. Gib Anfangs- und Endzustand an.
3. Beschreibe eine Aufgabe, für die du gerne ein Programm schreiben oder verwenden möchtest. Nenne auch hier Anfangs- und Endzustand.

Programmiersprachen

Um Programme für den Computer oder das Smartphone schreiben zu können, braucht man eine Sprache, die der Computer versteht. Diese Sprachen nennt man **Programmiersprachen**. Die tatsächliche Umsetzung eines vorher überlegten Programms, nennt man **Implementieren.**

Es gibt viele unterschiedliche Programmiersprachen. Bei manchen verwendet man Text um die Anweisungen zu schreiben, bei anderen Bausteine, die wie Puzzleteile zusammengeführt werden. Eine dieser Sprachen heißt *Scratch*.

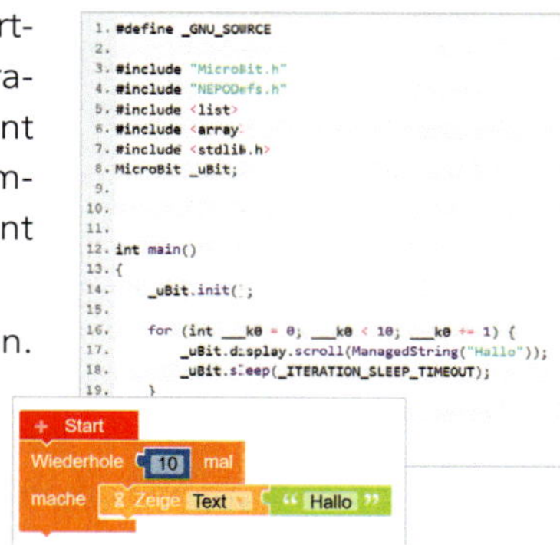

A2 Programmiersprachen und das EVA-Prinzip

Hier siehst du ein Programm, das in der Programmiersprache Scratch geschrieben ist und eine Eingabe zu einer eindeutigen Ausgabe verarbeitet. Wie Flussdiagramme liest man solche Programme von oben nach unten.

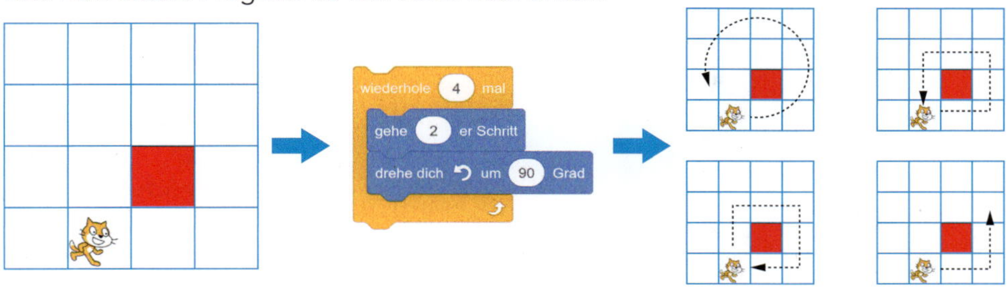

Eingabe **Verarbeitung** **Ausgabe**

1. Skizziere die Situation auf einem karierten Blatt Papier und finde die richtige Ausgabe. Begründe deine Wahl.
2. Das Programm heißt „Im Kreis gehen". Beurteile, ob dies sinnvoll ist.

MERKE

Ein Algorithmus verarbeitet eine Eingabe zu einer eindeutigen Ausgabe. Schreibt man einen Algorithmus in einer Sprache, die ein Computer versteht, spricht man von einem **Programm**. Diese Sprachen heißen **Programmiersprachen**. Die tatsächliche Umsetzung eines vorher überlegten Programms, nennt man **Implementieren**.

AUFGABEN

1 Abgebildet sind Algorithmen, die in der Programmiersprache Scratch implementiert sind.

a) Nimm ein kariertes Blatt Papier und gehe die Anweisungen der Programme Schritt für Schritt durch.

b) Skizziere die Situation auf einem karierten Blatt Papier und überprüfe, welcher Programmname zu welchem Programm passt. Du kannst diese Aufgabe auch interaktiv bearbeiten. Öffne dazu die hinterlegte Datei (🖥).

- Gehe zu B und dann zu A
- Gehe im Kreis
- Gehe nur zu A
- Gehe nur zu B
- Gehe zu B und zurück

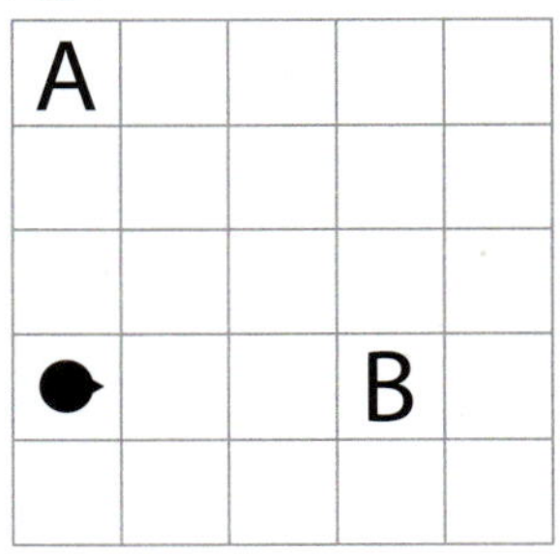

38105-37
interaktive Datei zu Aufgabe 1

Die Spitze zeigt die Laufrichtung an.

1 Anweisungen kann man mithilfe von Sätzen formulieren. Entscheide und begründe, ob jeweils eine Anweisung vorliegt.

a) „Addiere drei und zwei."
b) „Addiert man drei und fünf, erhält man acht."
c) „Addieren heißt Plusrechnen."
d) „Rechne auf einem Block."

a) „Mein Roboter räumt das Zimmer auf.
b) „Gehe nach rechts und hebe die Socke auf."
c) „Sag meinem Roboter, er soll das Zimmer aufräumen."
d) „In der linken Ecke liegt noch eine Socke."

2 Abläufe begegnen dir ständig in deinem Alltag.

a) Finde drei Beispiele für Abläufe an einem Schultag.
b) Finde drei Beispiele für Abläufe aus deinem Alltag.

a) Finde einen Ablauf, bei dem einzelne Schritte vertauscht werden können, ohne dass sich das Ergebnis ändert.
b) Finde einen Ablauf, bei dem einzelne Schritte auf keinen Fall vertauscht werden dürfen.
c) Begründe, warum ein Vertauschen der Schritte in Teilaufgabe b) nicht zum gewünschten Ergebnis führt.

3 Robbie muss wieder einmal aufräumen, da viele Socken im Gang herumliegen. Skizziere die Situation auf einem karierten Blatt Papier.

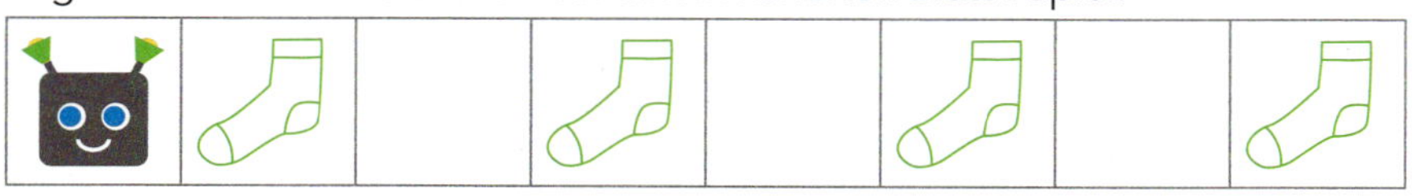

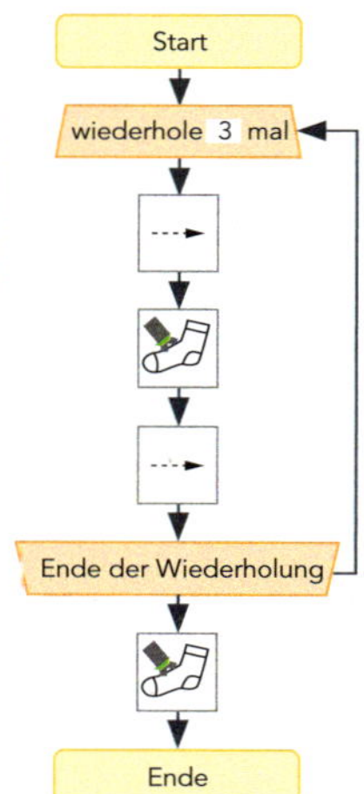

Robbie versteht die unten angegebenen Anweisungen und ist mit dem abgebildeten Algorithmus programmiert.

Anweisungen:

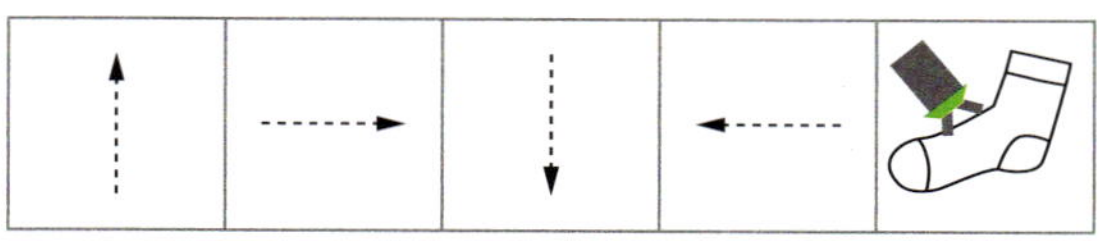

a) Überprüfe, ob Robbie alle Socken aufhebt.
b) Finde im abgebildeten Algorithmus die Stelle, die geändert werden muss, sodass Robbie alle Socken aufhebt.

a) Ändere den Algorithmus so ab, dass Robbie alle Socken aufhebt.
b) Robbie soll am Ende an seinen Startpunkt zurückkehren. Anton meint: „Dafür muss ich einen neuen Algorithmus schreiben." Alina überlegt: „Das kann ich in dem vorhandenen Algorithmus doch schnell anpassen!" Entscheide und begründe, wer Recht hat.

4 Niko ist neu an deiner Schule und in deiner Klasse.

a) Verfasse eine möglichst genaue und übersichtliche Beschreibung für den Weg vom…
- Schulhauseingang zum Klassenzimmer.
- Klassenzimmer zum Pausenverkauf.
- Pausenverkauf auf den Pausenhof.
- Klassenzimmer in die Turnhalle.
- Klassenzimmer in den Computerraum.

b) Beschreibe möglichst genau und übersichtlich, wie Niko den Computer im Computerraum einschalten und sich am Schulnetz anmelden kann.

c) Nenne jeweils einen Vor- und einen Nachteil, wenn ein Ablauf als Bild oder Bilderfolge anstatt in Textform dargestellt ist.

5 Suche dir zwei Personen aus deiner Klasse. Nimm ein DIN A4 Blatt und falte es so, dass drei gleich große Spalten entstehen.

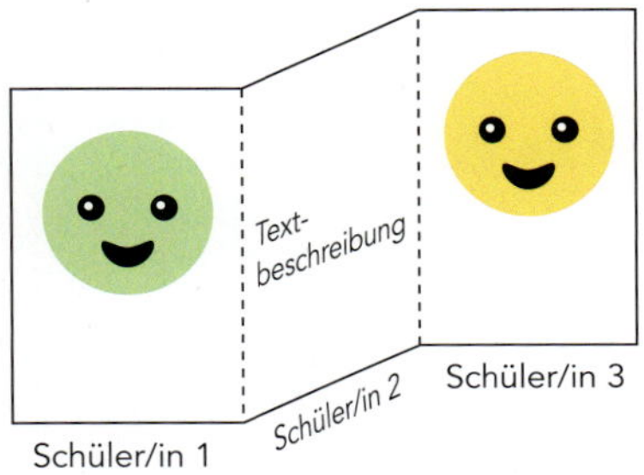

a) Führt folgendes Experiment durch:

Schüler/in 1:
Zeichne in die linke Spalte eine Figur deiner Wahl und gib das Blatt an eine der beiden Personen in der Runde weiter.

Schüler/in 2:
Schreibe in die mittlere Spalte eine Beschreibung der Figur in Worten. Falte dann die linke Seite nach hinten um und gib das Blatt an die dritte Person in der Runde weiter.

Schüler/in 3:
Zeichne nach den Anweisungen in der Mitte das Bild in die rechte Spalte.

b) Vergleiche das entstandene Bild mit dem Ursprungsbild. Gibt es Unterschiede? Begründe die Abweichungen.

6 Robbie der Aufräumroboter soll in deinem Zimmer die dreckigen und sauberen Socken aufräumen.

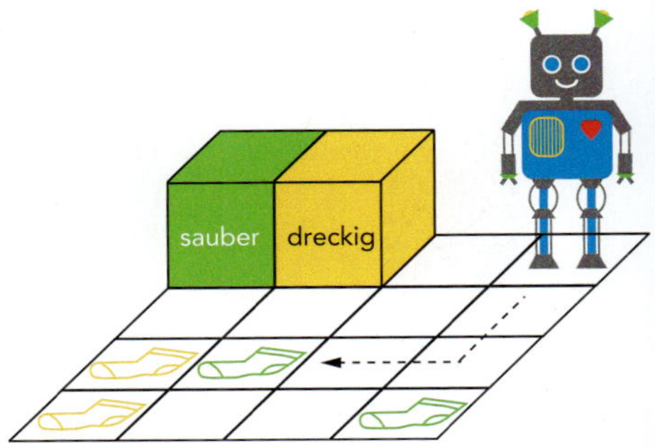

a) Skizziere die Situation auf einem karierten Blatt Papier und schreibe einen passenden Algorithmus auf.

b) Tausche deinen Algorithmus mit dem eines Partners oder einer Partnerin. Überprüfe, ob der Algorithmus deines Partners bzw. deiner Partnerin die nötigen Eigenschaften (→ 3.3) erfüllt.

7 Bedienungsanleitungen sind Beschreibungen von Abläufen. Hier siehst du Symbole aus einer Anleitung zum Wäschewaschen.

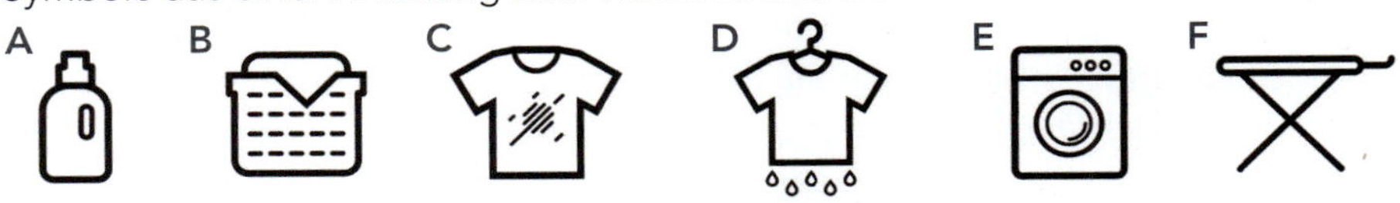

a) Ordne zu, welche der Symbole A-F dabei für die Ein- und Ausgabe und welche für die Verarbeitung stehen.

b) Nenne Anweisungen beim Ablauf „Wäsche waschen", die die Symbole noch nicht oder zu ungenau zeigen.

c) Schreibe selbst einen Algorithmus zum Wäschewaschen auf.

8 Der Roboter soll den abgebildeten Weg gehen.

a) Skizziere die Situation auf einem karierten Blatt Papier und fertige ein Flussdiagramm an, das du dem Roboter als Programm übergeben kannst.

b) Suche in deinem Flussdiagramm nach denjenigen Anweisungen, die sich wiederholen.

c) Ändere dein Flussdiagramm ab, indem du die Wiederholungsanweisung verwendest.

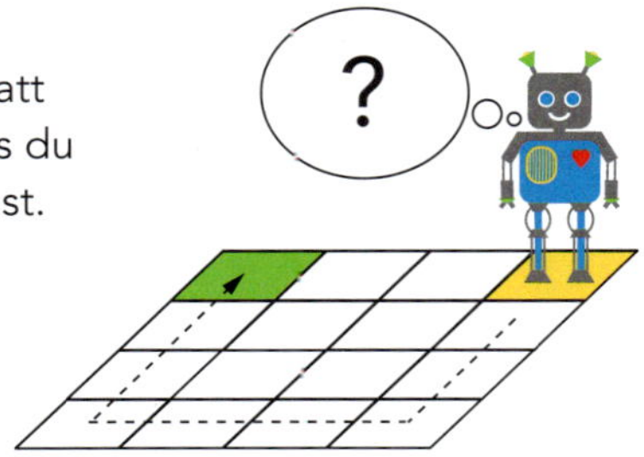

9 Abgebildet sind zwei Konstruktionen A und B sowie einige Anweisungen, mit denen sie aufgestellt wurden.

Start	Ende
platziere roten Würfel	platziere grünen Würfel
platziere blauen Würfel	platziere gelben Würfel
wiederhole ? mal	Ende der Wiederholung

a) Suche sich wiederholende Muster von Anweisungen, die beim Aufbau der Konstruktionen vorkommen.

b) Zeichne zu jeder Konstruktion ein Flussdiagramm. Verwende dabei die Wiederholungsanweisung.

c) Zeichne die Konstruktion, die mit nebenstehendem Flussdiagramm entsteht.

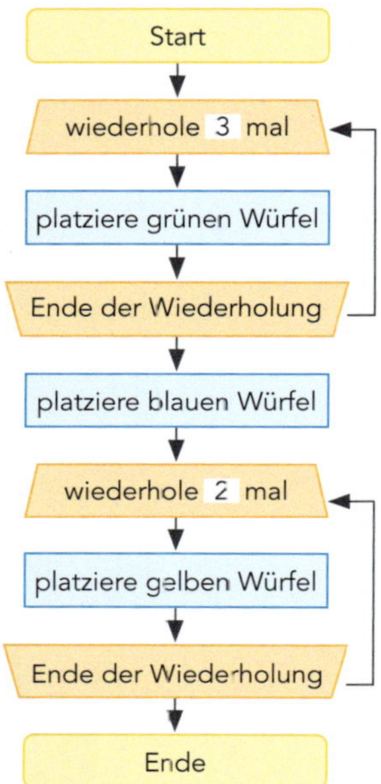

38105-38
Robbies Raumschiff aus Aufgabe 10

10 Robbies Raumschiff hat eine Fehlfunktion. Er muss möglichst schnell zum Maschinenraum hinter der grünen Tür. Durch die Fehlfunktion kann er sich in diesem Raum aber nur automatisch bewegen und zwar so, wie es auf den Bodenkacheln einprogrammiert ist: Die Pfeile geben die Richtung an. Die Anzahl der Pfeile gibt an, wie weit er sich bewegt.

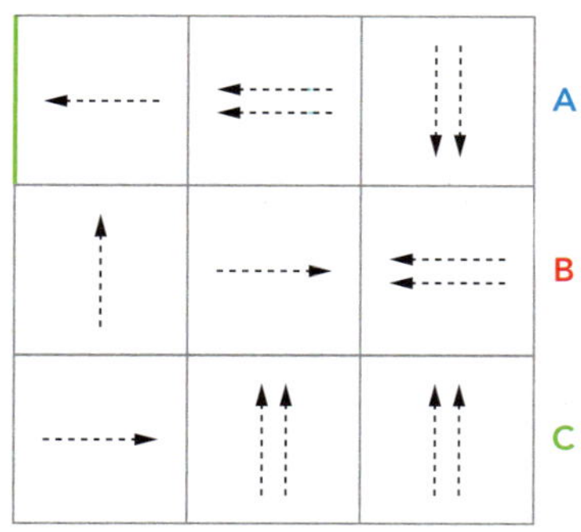

a) Bestimme die Tür (A, B oder C), die Robbie nehmen muss, um in den Maschinenraum zu kommen. Schneide ein Stück Papier aus und bewege es „als Robbie" durch den Raum. Du kannst dazu die hinterlegte Datei nutzen.

b) Robbie möchte sich den richtigen Ablauf für später merken. Fertige ein Flussdiagramm zum Algorithmus an.
Hinweis: Verwende die Pfeilsymbole der Bodenkacheln als Anweisung.

c) Entscheide für A, B und C, ob die Regeln für gute Abläufe erfüllt sind. Begründe deine Entscheidung.

Das große Info-Quiz!

Hier findest du viele Begriffe, die du im Kapitel gelernt hast. Füge die Silben im rechten Kasten der Reihe nach mit den richtigen Silben im linken Kasten zusammen. Notiere dir die Buchstaben der grünen Kästchen in dieser Reihenfolge. Wenn du alles richtig gemacht hast, erhältst du ein Lösungswort.

ALGO	WIEDER
AN	MUS
REIHEN	SCHLEI
FLUSS	PRO
PSEUDO	IMPLE
GE	AB

NAU	B	DIAGRAMM	A
RITHMUS	V	CODE	R
GRAMM	U	WEISUNG	E
HOLUNG	E	FE	T
FOLGE	R	LAUF	G
MENTIEREN	N	TER	I

1 Beschreibe den Ablauf eines Restaurantbesuchs.

2 Nenne Regeln, die man beim Erstellen von Anweisungen und Abläufen beachten muss.

3 a) Beschreibe den Weg von deinem Zimmer zur Küche und anschließend zur Haustür. Verwende dazu einmal Sätze und einmal eine selbstgezeichnete Karte.
b) Nenne Anfangs- und Endzustand der Wegbeschreibung.

4 Peter gibt bei der Eisdiele seine Bestellung auf. Er möchte sein Eis genau so haben, wie es auf dem Bild zu sehen ist. Er sagt: „Ich hätte gerne drei Kugeln Eis in der Waffel: Zitrone, Schokolade, Blaubeere."
a) Gehe den Ablauf Schritt für Schritt durch. Erläutere, was an seinen Anweisungen gut und was schlecht ist.
b) Analysiere, ob Peter einen Fehler gemacht hat.
c) Zeichne ein Flussdiagramm für den Ablauf.
d) Ändere den Algorithmus so ab, dass Peter das abgebildete Eis erhält.

Ich kann…	in Aufgabe	Hilfe
Abläufe und Anweisungen im Alltag entdecken.	1	3.1, 3.2
erkennen, ob Anweisungen und Abläufe genau genug beschrieben sind.	2	3.3
Abläufe selbst beschreiben.	3	3.1–3.3
den Anfangs- und Endzustand einer Beschreibung erkennen.	3	3.6
Algorithmen analysieren und als Flussdiagramme zeichnen.	4	3.2

Beschreibung von Abläufen ➥ 3.1, 3.3

Abläufe bestehen aus einzelnen Handlungsschritten. Diese Schritte nennt man Anweisungen.
Alle Anweisungen müssen ausführbar sein.
Weitere wichtige Regeln für Algorithmen:
- Richtigkeit
- Genauigkeit
- Vollständigkeit

Anleitung zum Händewaschen

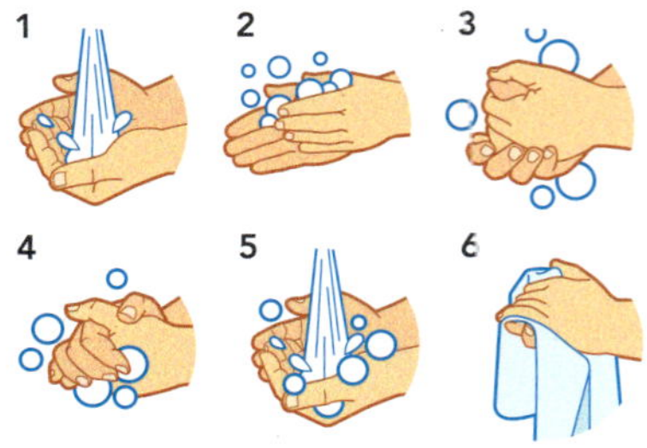

Algorithmen ➥ 3.2, 3.5

Ein Algorithmus ist eine spezielle Art von Ablauf. Es gibt unterschiedliche Darstellungsformen, z. B.:
- Pseudocode
- Flussdiagramm

In einem Flussdiagramm können Wiederholungen durch Schleifen dargestellt werden.

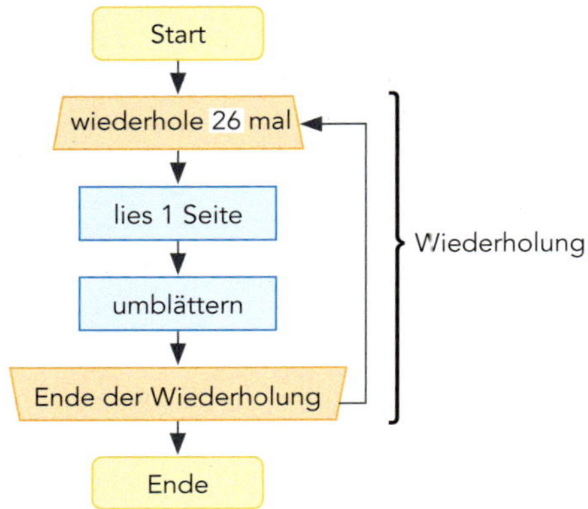

Einen Roboter steuern ➥ 3.4

Um einen Roboter zu steuern, …
- muss sein Anfangszustand und sein Endzustand bestimmt werden.
- benötigt man eine Zuordnungstabelle.
- müssen die Anweisungen so formuliert sein, dass der Roboter sie versteht.

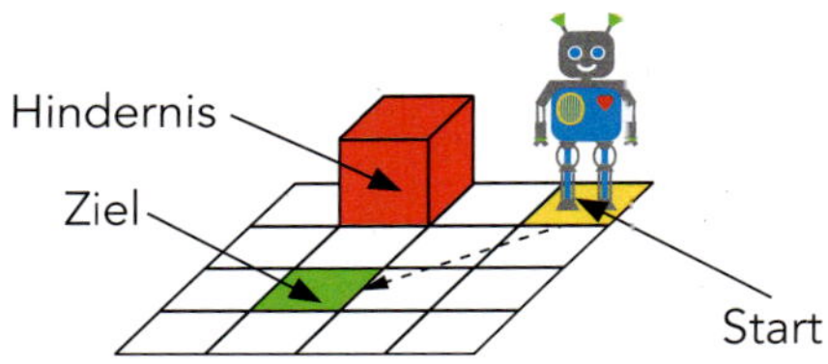

Vom Algorithmus zum Programm ➥ 3.6

Schreibt man einen Algorithmus in einer Sprache, die ein Computer versteht, spricht man von einem Programm. Solche Sprachen heißen Programmiersprachen.

Eine dieser Programmiersprachen heißt Scratch.

FACHBEGRIFFE

Hier findest du die wichtigsten Begriffe aus diesem Kapitel:

Anweisung	Richtigkeit	Muster
Reihenfolge	Genauigkeit	Schleife
Algorithmus	Vollständigkeit	Programm
Pseudocode	Anfangs- und Endzustand	Programmiersprache
Flussdiagramm	Ausführbarkeit	Implementieren

Programmieren 4

Einstieg

Die Abbildungen **1** bis **4** zeigen wichtige Schritte der Programmierung, von der Vorbereitung bis zur Ausgabe.

- Versuche, den HTML-Quellcode zu entschlüsseln.
- Gehe das Scratch-Programm mit einem Partner oder einer Partnerin durch. Verstehst du alle Schritte?
- Ein Flussdiagramm ist wichtig! Aber wozu? Erkläre.
- Der Hund kann den Knochen einfach nicht finden… Woran könnte das liegen?

1

```
<caption>April 2020</caption>
<thead>
<tr>
    <th scope="col" title="Montag">M</th>
    <th scope="col" title="Dienstag">D</th>
    <th scope="col" title="Mittwoch">M</th>
    <th scope="col" title="Donnerstag">D</th>
    <th scope="col" title="Freitag">F</th>
    <th scope="col" title="Samstag">S</th>
    <th scope="col" title="Sonntag">S</th>
</tr>
</thead>
<tbody>
```

HTML-Quellcode

2

Scratch-Programm

3

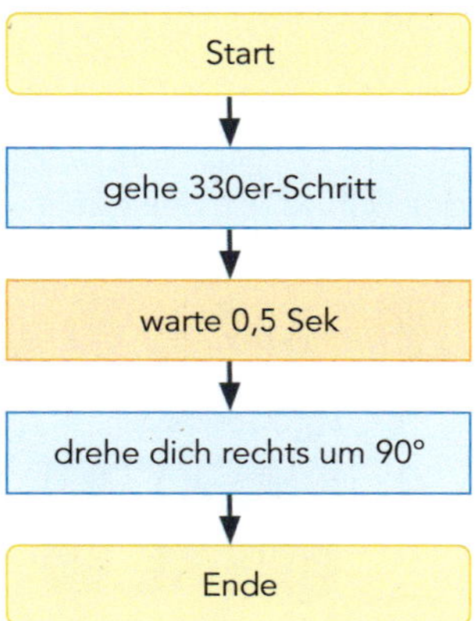

Flussdiagramm

4

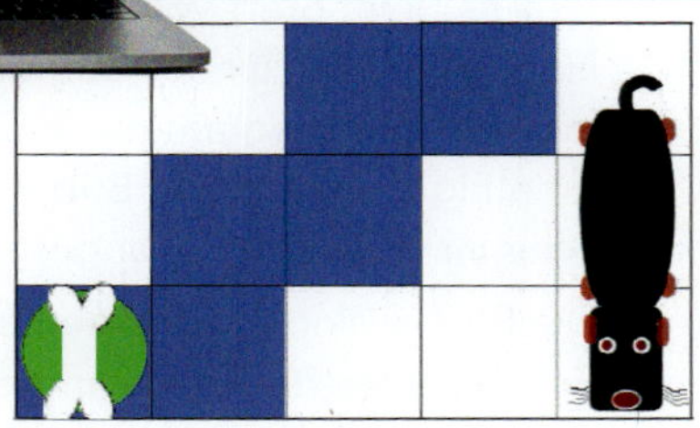

Dem Fehler auf der Spur

Am Ende dieses Kapitels hast du gelernt, …

- mit einer grafischen Programmierumgebung umzugehen.
- Figuren mit Anweisungen und Sequenzen zu steuern.
- sich wiederholende Programmteile zu identifizieren und mit Wiederholungen und Schachtelungen den Programmcode zu kürzen.
- ein Programm zu planen und in Scratch umzusetzen.
- ein Programm zu testen, Fehler zu finden und zu verbessern.

EINSTIEG

Scratch ist eine frei verfügbare, grafische Programmierumgebung, die entweder online genutzt oder installiert werden kann. Scratch 3.0 ist als App für Computer, Tablets oder Smartphones verfügbar. Zahlreiche Tutorials helfen dabei, eigene Projekte zu erstellen.

ERARBEITUNG

Die Oberfläche von Scratch

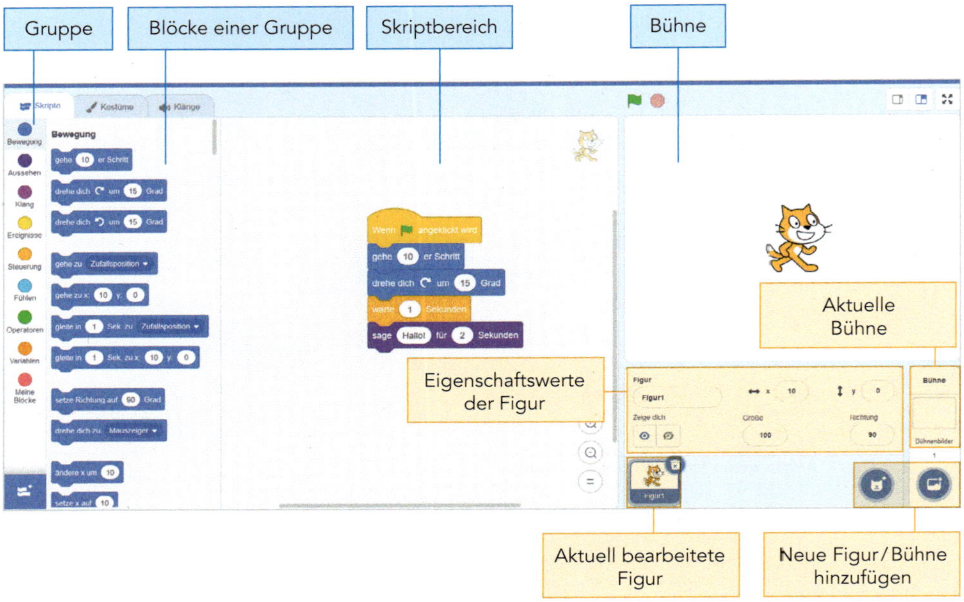

A1 Sich in Scratch zurechtfinden

Öffne das Programm Scratch. Orientiere dich auf der Oberfläche.

Die Blockpalette und der Skriptbereich

Die markierte Figur erscheint im Bereich zur Bearbeitung der Figuren blau hervorgehoben.

Bereits beim Start von Scratch befindet sich eine Figur auf der Bühne. Ist diese markiert, kann man ihr aus der **Blockpalette** Anweisungen geben. Mehrere Anweisungen ergeben ein Programm – in Scratch auch **Skript** genannt. Eine Figur kann sich z. B. bewegen, drehen, etwas sagen oder ihr Aussehen verändern.

Die Blöcke sind in **Gruppen** eingeteilt, die sich durch ihre Farbe unterscheiden. Man zieht einen Block ganz einfach per drag & drop mit der Maus in den **Skriptbereich**. Die Blöcke lassen sich wie Puzzleteile zusammenfügen. Wird ein Block nicht mehr benötigt, löst man ihn von den andern und schiebt ihn wieder in die Blockpalette zurück.

Die Startanweisung findest du in der Gruppe *Ereignisse*:

Start Stopp

Damit das Skript für eine Figur gestartet werden kann, muss man ihr unbedingt eine **Startanweisung** mitgeben. Sobald die grüne Fahne angeklickt wird, wird das Programm gestartet. Zum Beenden klickt man auf das rote Stoppschild.

Startanweisung:

A2 Mit Blöcken arbeiten

1. Ziehe folgende Blöcke in den Skriptbereich und füge sie zusammen.

Löse sie anschließend wieder in Einzelblöcke auf und schiebe sie in die Blockpalette zurück.

2. Bei einigen Blöcken können Werte eingegeben werden. Diese Werte nennt man auch **Parameter**.

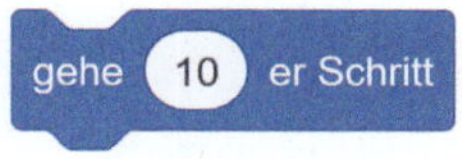

   a) Suche nach Blöcken, bei denen du Werte verändern kannst.
   b) Finde den Block, mit dem du die Katze durch Drehung auf den Kopf stellen kannst. Öffne dazu die hinterlegte Datei 41_A2_Anweisung.sb3.

38105-46
Scratch-Datei zu A2

Eigenschaftswerte von Figuren

Jede Figur verfügt über gewisse **Eigenschaftswerte**: Name, Ausgangsposition auf der Bühne (x- und y-Koordinaten), Sichtbarkeit, Größe und Bewegungsrichtung.

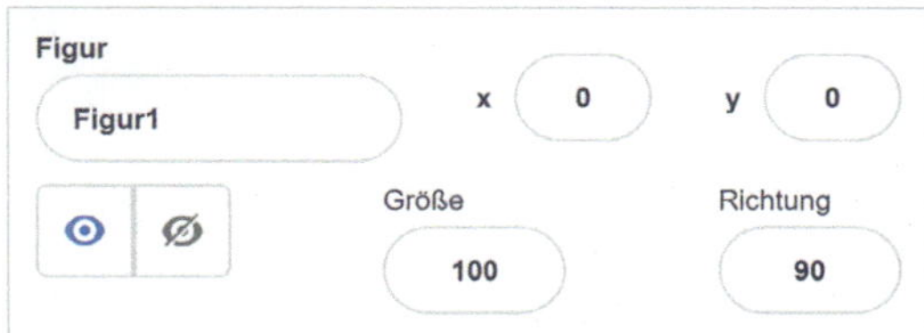

A3 Mit Eigenschaftswerten umgehen

1. Lies die Eigenschaftswerte für Figur 1 ab und notiere sie.
2. Verändere die Werte in Scratch und beschreibe, wie sich die Veränderungen auf Figur 1 auswirken.

Figuren und Bühnen

Du kannst weitere Figuren und Bühnenbilder einfügen. Klicke dazu auf die Symbole im Bereich zur Bearbeitung der Figuren bzw. der Bühnen. Nun erscheinen verschiedene Möglichkeiten.

Eine Bühne kennst du aus dem Theater. Statt der Schauspieler treten bei Scratch Figuren in Aktion.

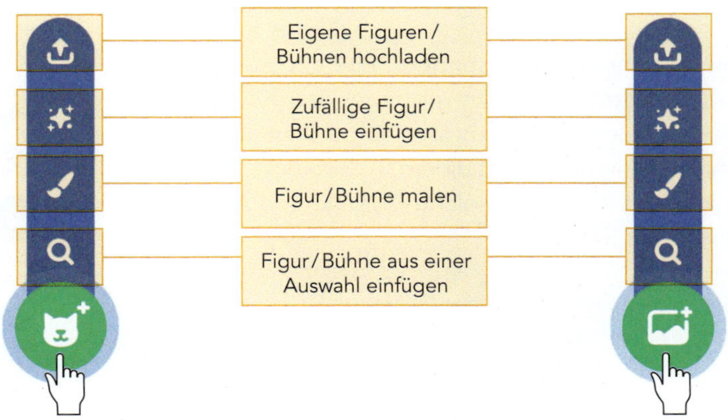

A4 Figuren und Bühnenbilder bearbeiten

Noch ist Figur 1 alleine auf der Bühne.

1. Überlege, welche Figur ein passender Spielgefährte für Figur 1 sein könnte. Füge diese Figur ein.
2. Füge ein passendes Bühnenbild als Hintergrund ein.
3. Speichere dein Ergebnis ab. Verwende dazu einen aussagekräftigen Namen.

EINSTIEG

Malik hat einen platten Reifen an seinem Fahrrad entdeckt. Leider weiß er nicht so recht wie er vorgehen muss. Ozan ist seit einem Jahr in der Mountainbike-AG und kennt sich damit aus.

- Welche Anweisungen muss Ozan Malik geben, damit er den Platten reparieren kann?

ERARBEITUNG

38105-47
Scratch-Dateien zu dieser Doppelseite: A1, A2, Aufgabe 1-3

Anweisungen

In Scratch lässt sich jeder Figur eine Vielzahl von einzelnen **Anweisungen** geben. So kann man beispielsweise die Figur Jocky mit der folgenden Anweisung über die Tastatur steuern:

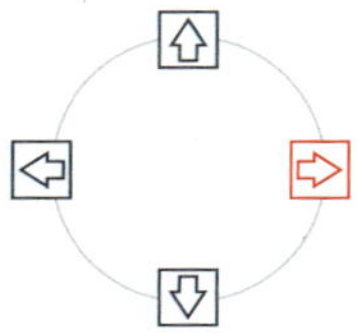

A1 Eine Figur mit Anweisungen steuern

Öffne die hinterlegte Datei 42_A1_Anweisung.sb3.

1. Ziehe die oben abgebildeten Anweisungsblöcke in den Skriptbereich. Folgt Jocky deiner Anweisung?
2. Erweitere dein Programm um ⇧, ⇦ und ⇩. Kontrolliere die Funktion. Tipp: Stelle die Bewegungsrichtung ein.

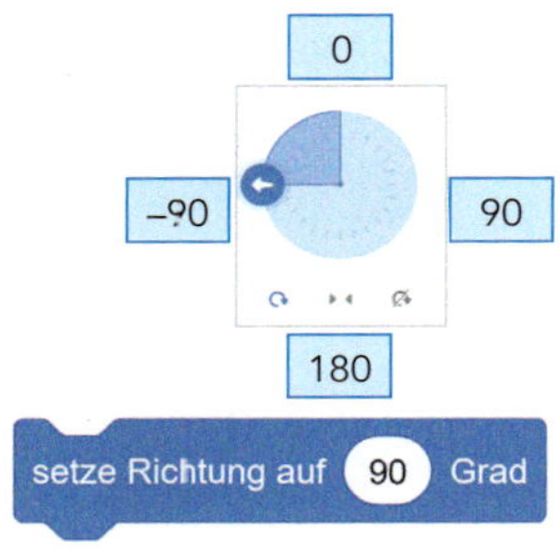

Mit dem Block

kannst du die einzelnen, schnell ausgeführten Anweisungen kurz „unterbrechen".

Sequenz

Man kann auch mehrere Anweisungen hintereinander zusammenfügen, wie Puzzleteile. Die Anweisungen werden vom Programm in der festgelegten Reihenfolge aufgerufen und ausgeführt. Jede Anweisung entspricht einem Skriptblock, der genau einmal durchgeführt wird. Eine solche Abfolge von Anweisungen nennt man eine **Sequenz**.

Eine **Resetsequenz** bringt deine Figur zu Startpunkt zurück:

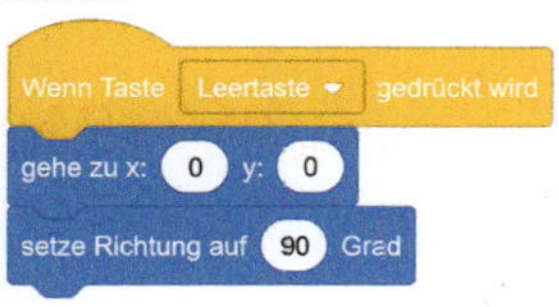

A2 Steuerung einer Figur mit einer Sequenz

Öffne die hinterlegte Datei 42_A2_Sequenz.sb3.

1. Lass Jocky zum Ball und wieder zurück rennen. Am Ball angekommen, soll er kurz warten, „Wuff" sagen und sich dann umdrehen.
2. Ist er zum Ausgangspunkt zurückgekehrt, schaut er wieder in Richtung des Balles.
3. Ziehe weitere Anweisungen in den Skriptbereich und klicke darauf. Beschreibe, wie sich die Figur verhält.

Figuren kann man mit den Skriptblöcken **Anweisungen** geben. Eine **Sequenz** stellt eine Abfolge von Anweisungsaufrufen dar. Diese werden entsprechend der angegeben Reihenfolge nacheinander ausgeführt.

MERKE

AUFGABEN

1 Für manche Figuren ist ein zweites Kostüm hinterlegt. Mit einem Kostümwechsel kannst du eine Figur so animieren, dass sie zum Beispiel Laufbewegungen durchführen kann.

Öffne die hinterlegte Datei 42_Aufg1_Anweisung.sb3.

a) Wird die b-Taste gedrückt , soll Jocky zu Kostüm *dog1-b* wechseln.

b) Wird die a-Taste gedrückt, soll Jocky zu Kostüm *dog1-a* wechseln.

2 Öffne die hinterlegte Datei 42_Aufg2_Sequenz.sb3. Jocky hat einen leckeren Knochen gewittert. Führe ihn zu seinem Leckerbissen. Das Flussdiagramm hilft dir bei der Umsetzung.

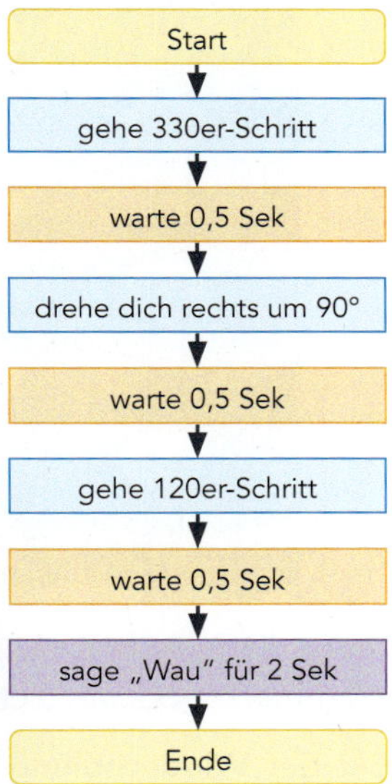

3 Öffne die hinterlegte Datei 42_Aufg3_Sequenz.sb3.
Jocky möchte unbedingt an seinen Knochen kommen. Er darf aber nur die blauen Felder betreten. Hilf Jocky. Berate dich dazu mit einem Partner oder einer Partnerin.

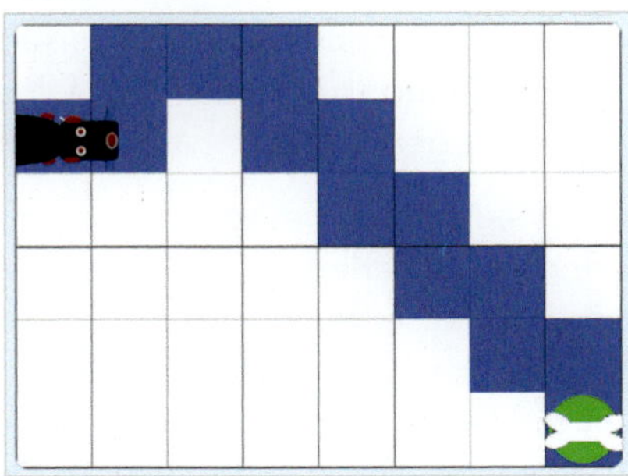

a) Notiere zunächst stichpunktartig den Weg, den Jocky zurücklegen muss.
Du kannst dazu die Situation auf einem karierten Blatt Papier skizzieren.

b) Vergleicht eure Notizen und setzt sie in der Programmierumgebung um.

c) Teste das Ergebnis und verbessere es, wenn nötig.

EINSTIEG

Beim Tafelwischen fällt Lukas auf, dass er immer die gleiche Tätigkeit macht: Er bewegt den Schwamm von oben nach unten, dann setzt er die gleiche Bewegung wieder von oben beginnend fort, um die Breite des Schwammes versetzt. Diesen Vorgang wiederholt er 15 Mal.

▸ Überlege, welche Anweisungen Lukas für ein entsprechendes Programm schreiben müsste.

ERARBEITUNG

38105-48
Scratch-Dateien zu dieser Doppelseite: A1, Aufgabe 1-3

Wiederholung mit fester Anzahl

Jocky soll einmal im Viereck herumflitzen. Links wurde dazu vier Mal der gleiche Anweisungsblock verwendet, um die Aufgabe zu erfüllen.

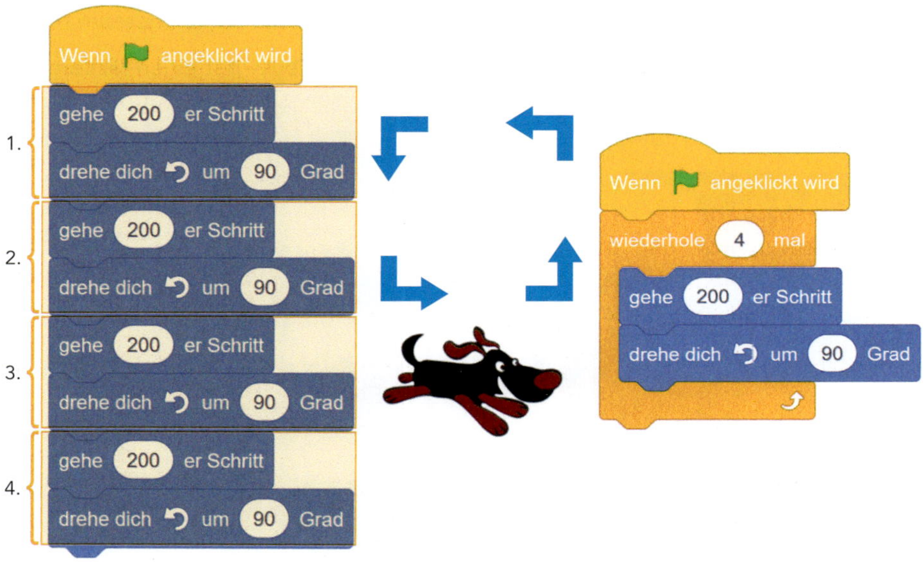

Diese vier gleichen Skriptblöcke lassen sich mithilfe des **Klammerblocks** deutlich kürzer darstellen.

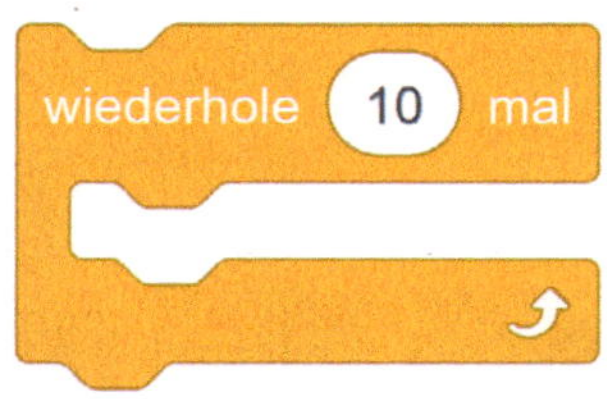

Bei der **Wiederholung mit fester Anzahl** wird mitgezählt, wie oft die zu wiederholende Sequenz ausgeführt wurde. Ist die festgelegte Zahl erreicht, wird die Wiederholung beendet und die nachfolgenden Anweisungen werden abgearbeitet.

Die Wiederholung (kurz für Wiederholungsschleife) mit fester Anzahl bringt eine übersichtlichere Darstellung und schnellere Veränderbarkeit der Wiederholungszahl.

A1 Wiederholung mit fester Anzahl

Öffne die hinterlegte Datei 43_A1_Wiederholung.sb3. Jocky muss dringend einmal um den Häuserblock rennen.

1. Lass Jocky im Uhrzeigersinn einmal um das Haus rennen. Er soll dabei immer in die Laufrichtung schauen.
2. An jeder Hausecke soll Jocky für 1 Sekunde schnüffeln.
3. Erstelle eine Reset-Sequenz, die Jocky mit Drücken der X-Taste wieder auf die Startposition (X: ___ | Y: ___ ; Richtung ___ Grad) bringt.

MERKE

Die Anweisung **Wiederholung mit fester Anzahl** nutzt man, wenn eine Sequenz in einer bestimmten Anzahl ausgeführt werden soll. Der zu wiederholende Ablauf wird von einem **Klammerblock** umgeben. Mit der eingetragenen Zahl wird die Anzahl der Durchläufe festgelegt.

AUFGABEN

1 Öffne die hinterlegte Datei 43_Aufg1_Wiederholung.sb3. Darin sind zwei Kostüme für Jocky enthalten. Lass Jocky zwischen diesen beiden Kostümen wechseln. Während des Wechsels soll eine kurze Wartezeit von 0,2 Sekunden verstreichen. Wiederhole diesen Vorgang zehn Mal.

a) Erstelle dazu zunächst ein Flussdiagramm.

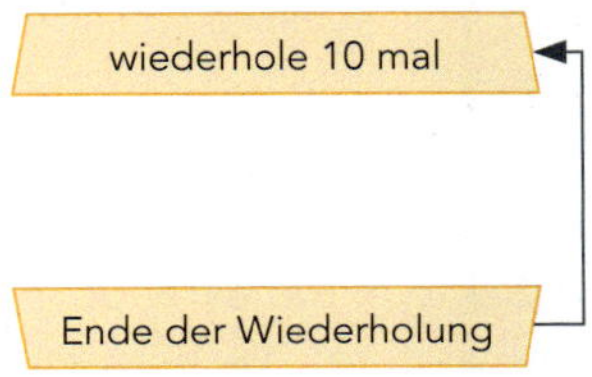

b) Setze das Programm in Scratch um.

2 Jocky hat eine unglaubliche Entdeckung gemacht: An einem Ast baumelt eine leckere Wurst. Die will er sich schnappen. Nach fünf Versuchen gibt er erschöpft auf. Öffne die hinterlegte Datei 43_Aufg2_Wiederholung.sb3. Du siehst hier einen Ausschnitt aus dem zugehörigen Programm.

a) Begründe, weshalb Jocky sein Ziel nicht erreicht.

b) Sebastian klagt darüber, dass er immer wieder die gleichen Blöcke in sein Programm ziehen muss. Hilf ihm, sein Vorgehen zu vereinfachen.

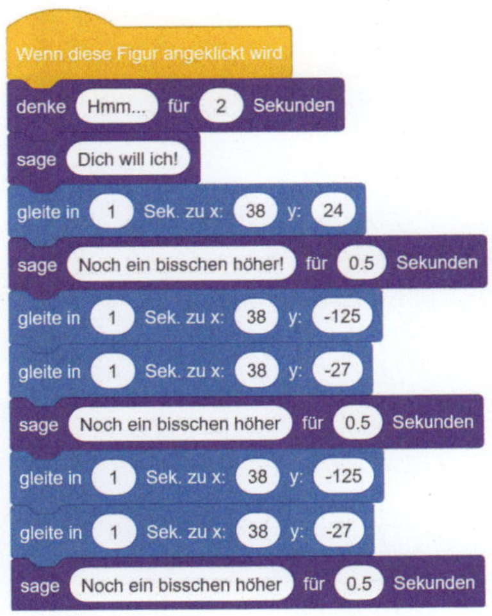

3 Öffne die hinterlegte Datei 43_Aufg3_Wiederholung.sb3. Im Kapitel über Sequenzen wurde diese Aufgabe schon einmal bearbeitet (➥ 4.2, Aufgabe 3). Nun hast du dein Wissen um die Möglichkeiten der Wiederholung mit fester Anzahl erweitert. Setze dieses Wissen ein.

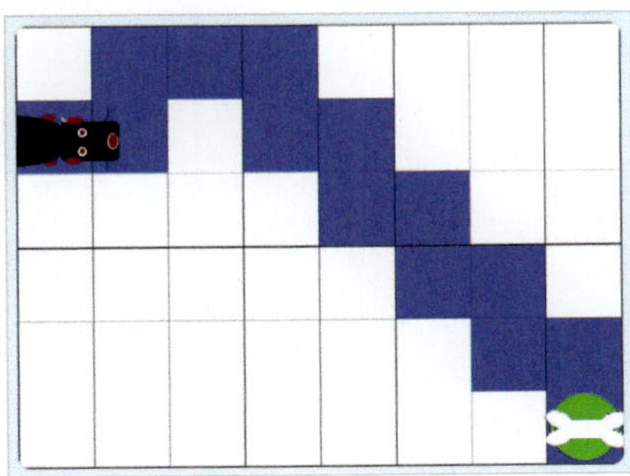

a) Führe Jocky zu seinem Knochen.

b) Erreicht Jocky das Ziel, bellt er einmal auf.

c) Denke abschließend daran, Jocky mit einer entsprechenden Sequenz wieder an die Startposition zurückzubringen.

EINSTIEG

Sophie möchte eine Einladungskarte mit einer bunten Blume verzieren. Mit Stift und Papier mag das nicht so recht gelingen. Daher fragt sie ihre Freundin um Rat.

- Gib Sophie einen Tipp, wie sie vorgehen könnte.

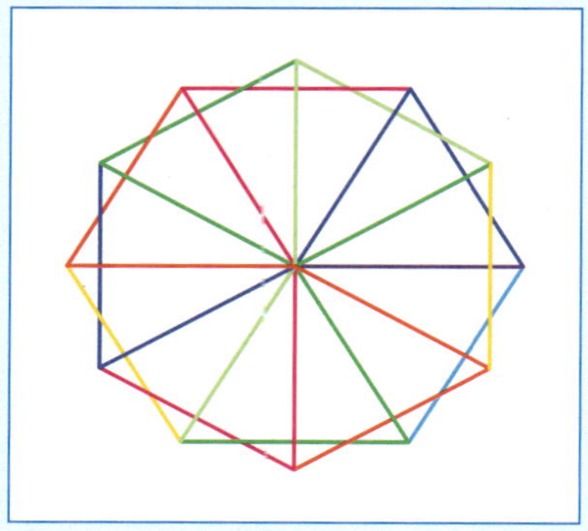

ERARBEITUNG

38105-49
Scratch-Dateien zu dieser Doppelseite: A1, Aufgabe 1-3

Schachtelung von Wiederholungen

Sequenzen können mehrfach wiederholt werden. Manchmal ist es sinnvoll Wiederholungen auch ineinander zu schachteln. Bei einer Schachtelung befindet sich innerhalb der ersten Wiederholung eine weitere, die aufgerufen wird. Man spricht von einer **Schachtelung von Wiederholungen**.

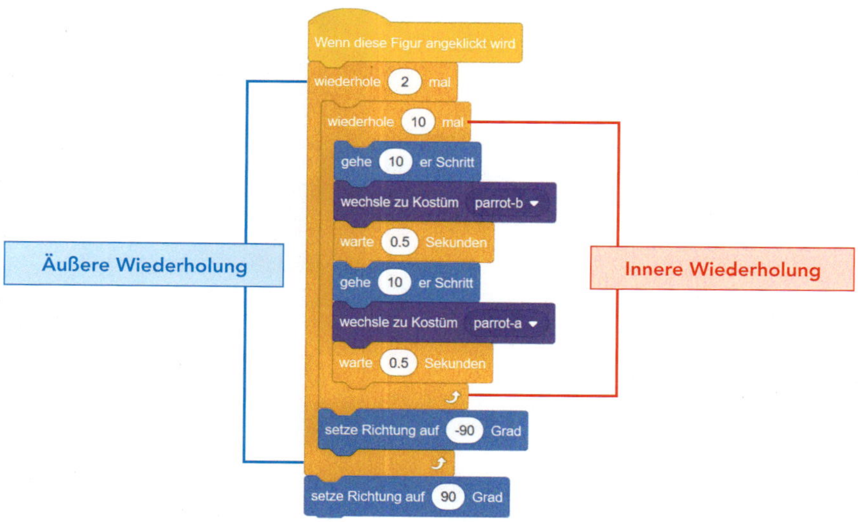

A1 Schachtelung von Wiederholungen

Das oben abgebildete Programm soll nun genauer analysiert werden. Gehe dabei wie folgt vor:

1. Beschreibe den Ablauf in der inneren und der äußeren Wiederholung.
2. Fertige zu dem Programmbeispiel ein Flussdiagramm an.
3. Übertrage das Beispiel in Scratch. Nutze als Ausgangssituation die hinterlegte Datei 44_A1_Schachtelung.sb3.

MERKE

Wiederholungen lassen sich auch ineinander schachteln. Eine zu wiederholende Sequenz kann folglich eine oder mehrere weitere Wiederholungen enthalten. Man nennt dies **Schachtelung von Wiederholungen**.

AUFGABEN

1 Öffne die hinterlegte Datei 44_Aufg1_Schachtelung.sb3.
Für den Papagei Parrot liegen zwei Kostüme bereit. Wenn du sie abwechselnd einsetzt, kann Parrot richtig fliegen! Probiere es aus.

a) Erstelle ein Programm, das Parrot einmal hin und einmal zurückfliegen lässt. Dazu sind 20 Flügelschläge notwendig. Am Ende seiner Flugeinlage soll Parrot wieder nach rechts blicken.
b) Falls sich Parrot verfliegt, soll er wieder zum Ausgangspunkt zurückgebracht werden (X: –250 | Y: 44; Richtung: 90 Grad). Erstelle für die Leertaste eine entsprechende Sequenz.

2 Die Katze soll eine violette Blüte zeichnen. Diese besteht aus 12 Quadraten.

Zeichnen in Scratch
Die Gruppe *Zeichnen* versteckt sich hinter diesem Symbol.
Du findest es ganz unten links auf der Scratch-Oberfläche.

Diese Blöcke benötigst du zum Zeichnen:

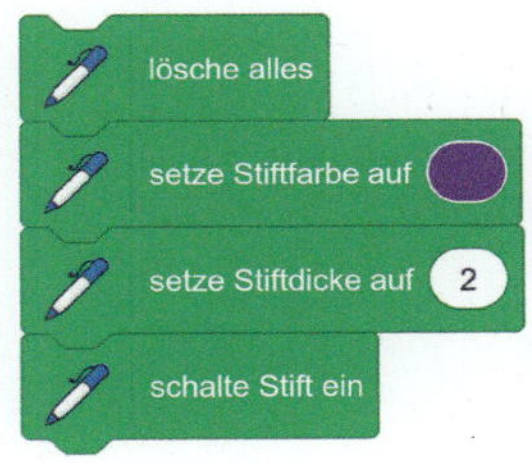

a) Überlege dir, welchen Weg die Katze gehen muss, um das erste Quadrat zu erstellen.
b) Lass die Katze ihr Kunstwerk vollbringen. Beginnen soll sie im Mittelpunkt der Bühne. Öffne dazu die hinterlegte Datei 44_Aufg2_Schachtelung.sb3.

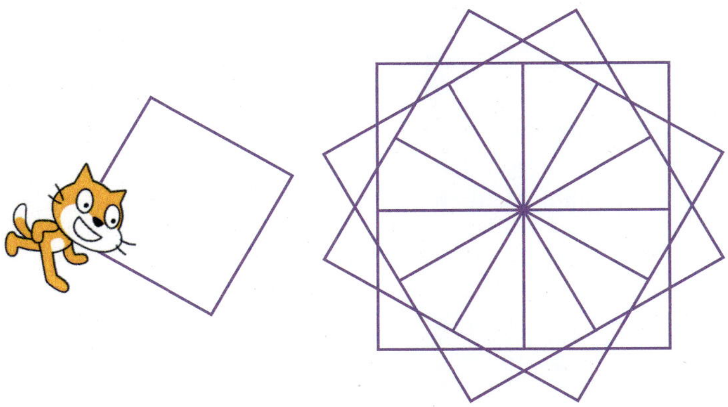

3 Bist du nun bereit Sophie bei ihrer Einladungskarte zu helfen? Eine knifflige Aufgabe wartet auf dich. Schaue dir die bunte Blume gut an.

a) Finde und beschreibe das System dahinter.
b) Überlege dir, welcher Block die Farbveränderung bewirkt und fertige ein Flussdiagramm an.
c) Öffne die hinterlegte Datei 44_Aufg3_Schachtelung.sb3 und setzte die Abbildung für Sophies Einladung um.

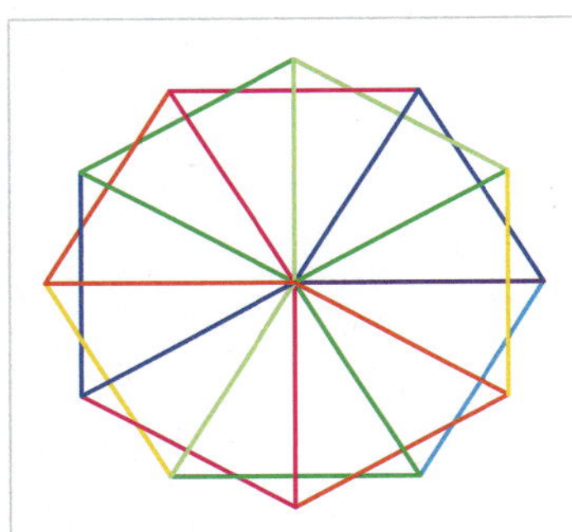

EINSTIEG

Julia hat ein Kuchenrezept ausprobiert. Sie stellt den Kuchen bei 200 Grad in den Ofen. Als sie nach einer Stunde nachsieht ist der Kuchen verbrannt. Julia ärgert sich!

- Beschreibe, was Julia falsch gemacht hat. Was kann sie aus ihrem Fehler lernen?
- Mache einen Vorschlag, wie sie hätte vorgehen sollen.

ERARBEITUNG

Irren ist menschlich

Fehler in Abläufen erkennt man daran, dass das gewünschte Ziel nicht eintritt. Bei einem Programm heißt dies, dass der gewünschte Endzustand nicht erreicht wird.

A1 Fehler erkennen

Betrachte das nebenstehende Flussdiagramm. Sven möchte, dass der Roboter von seinem Standpunkt aus zum Ziel läuft.

1. Skizziere die Situation auf einem karierten Blatt Papier und finde im Flussdiagramm denjenigen Befehl, der verhindert, dass Svens Plan aufgeht.
2. Ändere den Befehl so ab, dass der Roboter sein Ziel erreicht.

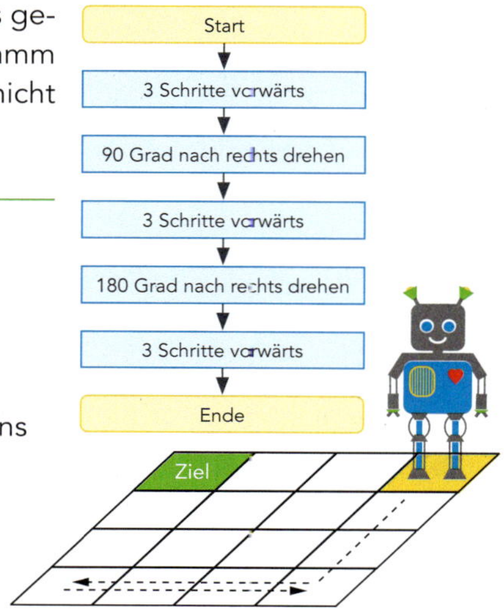

Aus Fehlern lernt man

Fehler machen ist wichtig: Man lernt viel daraus. Beim Programmieren ist es wichtig, dass man das Programm kritisch prüft, um alle Fehler zu finden und zu korrigieren.

A2 Fehler suchen

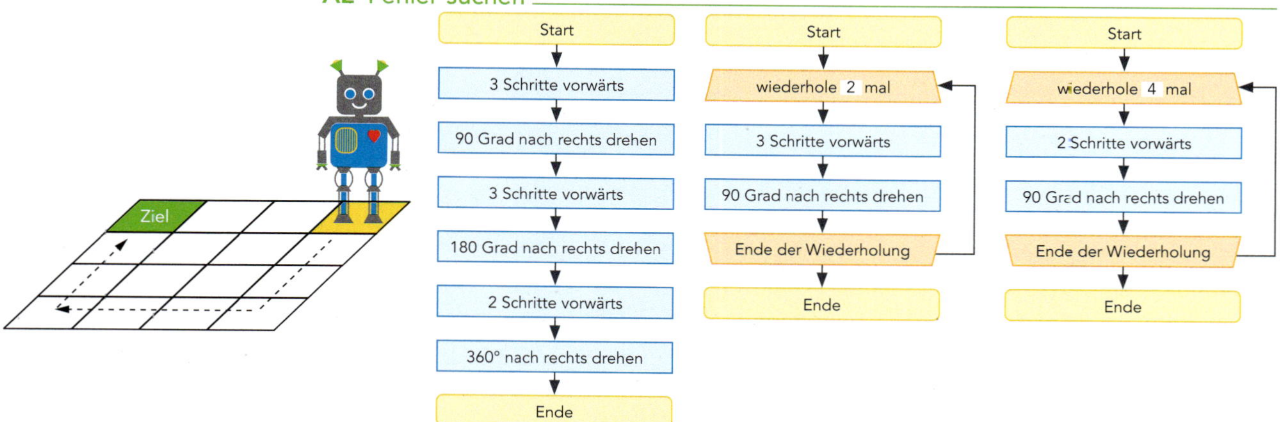

Betrachte die abgebildeten Programme. Mit keinem kommt Robbie an sein Ziel.

1. Skizziere die Situation auf einem karierten Blatt Papier und finde die Fehler.
2. Korrigiere jeweils die gefundenen Fehler.

Fehler finden, aber mit System!

Besonders wenn Programme länger werden, ist es wichtig, Schritt für Schritt zu kontrollieren, ob das Programm das Richtige tut. Zum Beispiel kann man Wege in kleine Abschnitte zerlegen und Zwischenziele (**Teilziele**) festlegen.

A3 Teilziele finden und zur Fehlersuche nutzen

Analysiere Robbies Weg vom Start bis zum Ziel.

1. Beschreibe, nach welchem Muster die Teilziele (TZ) gewählt wurden.
2. Zeichne jeweils ein Flussdiagramm für die einzelnen Abschnitte.

MERKE

Liefert ein Programm nicht das erwartete Ergebnis, enthält es einen oder mehrere **Fehler**. Um Fehler in komplexeren Programmen zu finden, hilft es, das (Gesamt-) Ziel in **Teilzeile** zu zerlegen. Das Programm wird so in kleinere Abschnitte unterteilt und kann leichter kontrolliert werden.

AUFGABEN

1 Seestern Jody wartet vergeblich auf ihren Freund Crabby.

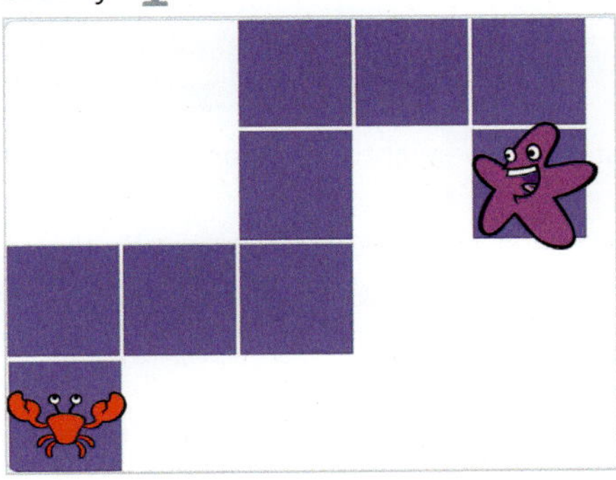

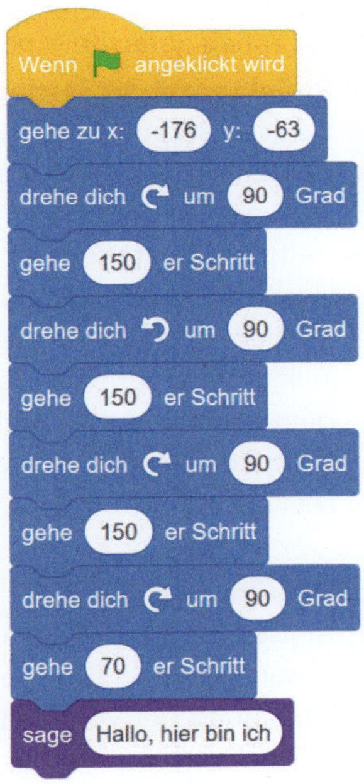

a) Überlege dir, welche Schritte Crabby gehen muss, um das Ziel zu erreichen.

b) Zerlege das abgebildete Programm in Teilziele, um den Fehler zu finden. Nutze die hinterlegte Checkliste „Dem Fehler auf der Spur".

c) Öffne die hinterlegte Datei 45_Aufg1_Testen.sb3 und korrigiere das Programm.

38105-50
Checkliste und Scratch-Datei zu Aufgabe 1

2 Stefan meint: „Anders als beim Bauen oder Basteln kann man Fehler in Programmen relativ leicht beheben, denn Computer führen genau die Anweisungen aus, die im Programm stehen. Das heißt, Computer machen eigentlich keine Fehler, Menschen haben sie falsch programmiert!"
Nimm Stellung zu Stefans Aussage.

Softwareentwickler und Softwareentwicklerinnen arbeiten in ihrem Arbeitsalltag sehr häufig in Teams zusammen. Der Grund liegt darin, dass das Problem, das sie lösen müssen, oft sehr groß und kompliziert ist. Da ist es schon besser, wenn man sich gegenseitig unterstützt und gemeinsam eine Lösung entwickelt!

Was ist ein Projekt?

Eine größere Aufgabe lässt sich sehr gut als **Projekt** in einem Team bearbeiten. Eine **Projektaufgabe** ist aus einem Problem entstanden, das sich nicht, oder nur durch extrem großen Aufwand durch eine einzige Person lösen lässt. Ein Prcjekt ist zeitlich beschränkt. Es gibt einen festgelegten **Projektstart** und ein festgelegtes **Projektende**.

Ein Projekt durchläuft vier Abschnitte (auch **Phasen** genannt):

PHASE 1

Definitionsphase

- Sammelt Ideen zu einem Thema.
- Formuliert das Projektziel.
- Notiert stichpunktartig weitere wichtige Punkte.

PHASE 2

Planungsphase

- **Projektergebnis festlegen**
  z. B. ein Computerspiel
- **Zwischenziele vereinbaren**
  Eine große Aufgabe zerlegt man am besten in übersichtliche, kleinere Aufgaben.
- **Zeitplan aufstellen**
  Um einen Überblick zu behalten, ob das Projekt in der vorgegebenen Zeit zu erfüllen ist, hilft ein festgelegter Zeitplan. Darin ist festgehalten, bis wann welche Teilaufgaben erledigt sein müssen.
- **gemeinsame Arbeitsschritte planen**
  Gewisse Aufgaben müssen gemeinsam erledigt werden oder bei der Bearbeitung sehr genau besprochen werden.

PHASE 3

Durchführungsphase

Arbeitsaufgaben verteilen und Arbeitshilfen nutzen:

- Bestimmt einen Gruppensprecher. Er achtet auf die Einhaltung der Vereinbarungen.
- Bei der Verteilung ist es wichtig, dass die Personen auch in der Lage sind, die Aufgabe zu erfüllen.
- Achtet auf eine gleichmäßige Arbeitsverteilung.
- In einem Team gibt es immer Experten, die eine Aufgabe besonders gut lösen können. Ihnen sollte dieser Bereich übertragen werden.
- Nicht alles läuft in einem Projekt optimal. Kommt immer wieder zusammen, besprecht die Probleme und findet gemeinsam Lösungen.

PHASE 4

Abschluss

- Stellt euer Projektergebnis vor. Erklärt eure Idee und deren Umsetzung.
- Beurteilt, ob ihr mit dem Ergebnis und dem Verlauf des Projektes zufrieden seid. Gebt Gründe an.

Ein Projekt durchführen: Bühnenshow mit Scratch

Einmal im Leben selbst auf einer großen Bühne stehen und ein Superstar sein! Das ist ein Traum, den ihr in Scratch verwirklichen könnt.

1. Gestaltet ein passendes Intro für eure Bühnenshow.
2. Stellt eine bunte Bühne mit Tänzerinnen und Tänzern, Sängerinnen und Sängern zusammen.
3. Lasst verschiedene Instrumente zum Einsatz kommen.
4. Schließt eure Bühnenshow mit einem passenden Ende.
5. Lasst eure Bühnenshows gegeneinander antreten. Welche hat euch am besten gefallen? Begründet.

38105-51
Merkzettel zum planvollen Programmieren

Hier findet ihr ein paar Tipps dazu. Außerdem könnt ihr euch an der hinterlegten Datei orientieren, um beim Programmieren planvoll vorzugehen.

Bühnenbild

Überlegt euch eine passende Bühne. Euch gefällt von den fertigen Bühnenbildern keines so richtig? Dann seid kreativ und malt euer eigenes. Ihr könnt rechteckige Formen und Kreise anlegen, mit dem Pinsel frei malen oder auch Texte erstellen.

Handelnde Figuren – Tänzer und Tänzerinnen, Sänger und Sängerinnen

Überlegt euch genau, wie viele Figuren auftreten sollen. Wann sollen sie auf der Bühne auftreten? Hinter jedem Tänzer verbergen sich zahlreiche Kostüme, die ihr abwechselnd aufrufen könnt. So entsteht eine Abfolge von Tanzschritten.

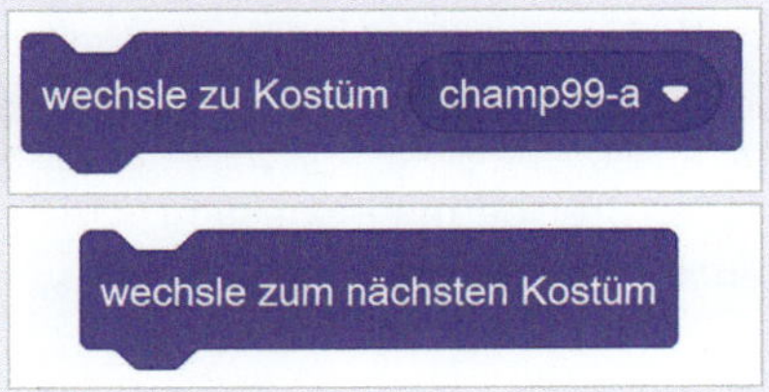

Passend zum Tanz, findet ihr zur Figur auch den Rhythmus.

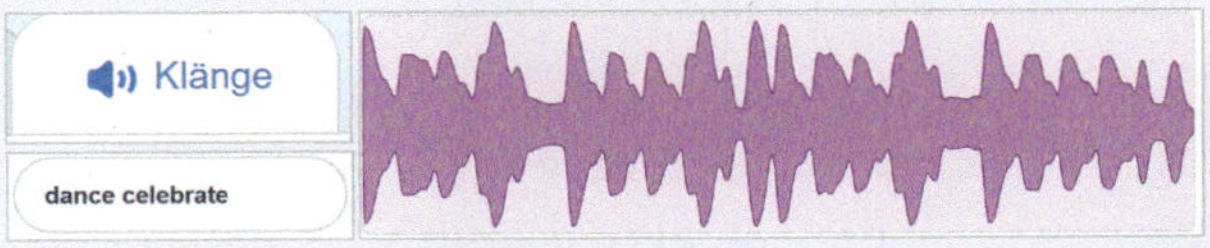

Instrumente und ihre Klänge

Mit jedem Instrument ist auch der typische Klang verbunden. Hat ein Instrument mehrere Teilinstrumente (wie z. B. beim Schlagzeug), können diese unabhängig voneinander programmiert werden. Der Klang lässt sich mit verschiedenen Einstellungen auch noch verändern.

Instrumente und Klänge findet ihr bei den *Figuren* und *Klängen*.

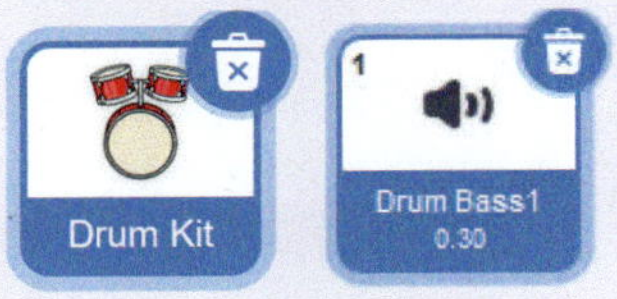

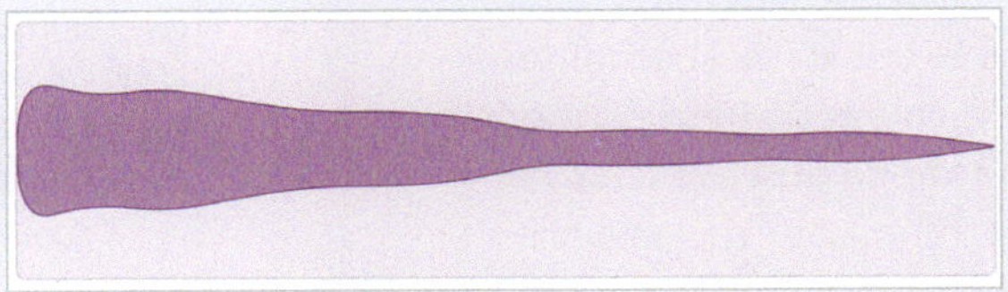

4.7 Üben und Vertiefen

38105-52
Dateien zu dieser Doppelseite:
Aufgabe 1, 3, 4, 5

1 In die folgenden Programme haben sich Fehler eingeschlichen.

Öffne die hinterlegte Datei 47_ÜuV_Aufg1_grün.sb3. Eigentlich wollte Ducky ein Quadrat zeichnen. Leider stimmt das Ergebnis nicht mit der Planung überein...

a) Untersuche das Skript. Finde heraus, an welcher Stelle Ducky den Fehler gemacht hat.

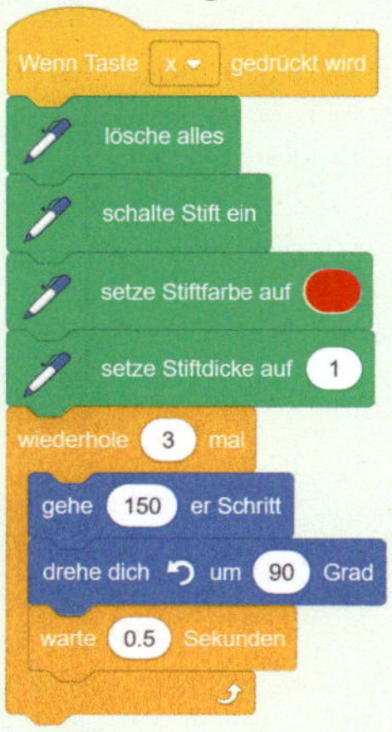

b) Korrigiere den Fehler und teste das Programm.

Öffne die hinterlegte Datei 47_ÜuV_Aufg1_blau.sb3. Ducky möchte malen. Aber es klappt einfach nicht!

a) Identifiziere den Fehler.

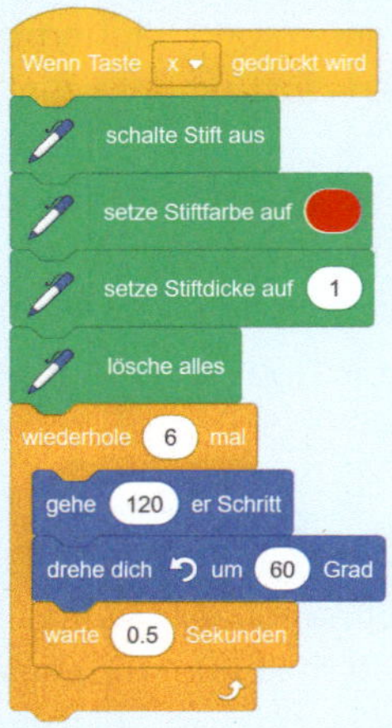

b) Korrigiere den Fehler und teste das Programm.

2 Schreibe jeweils Programme, die Ducky die beschriebenen Figuren zeichnen lassen. Tausche dich anschließend mit einem Partner oder einer Partnerin über eure Programme aus.

Lass Ducky diese Treppe mit insgesamt sieben Stufen malen.

a) Fertige für die Planung zunächst ein Flussdiagramm an.
b) Setze deine Idee in Scratch um und teste das Skript in Teilabschnitten.
c) Tausche dich mit deinem Partner bzw. deiner Partnerin aus: Welches Programm ist kürzer, führt aber zum gleichen Ergebnis?

Unten siehst du die zur Programmierung des Sterns benötigten Bausteine. Setze sie so in Scratch zusammen, dass Ducky die Spur des Sternes zeichnet.

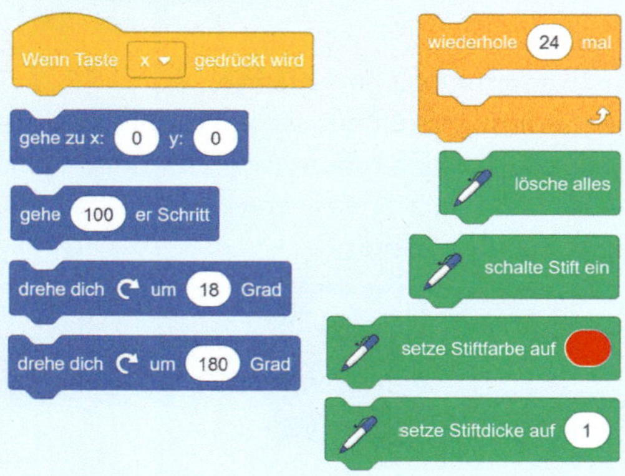

3 Du kennst dich bereits mit der Oberfläche von Scratch aus.

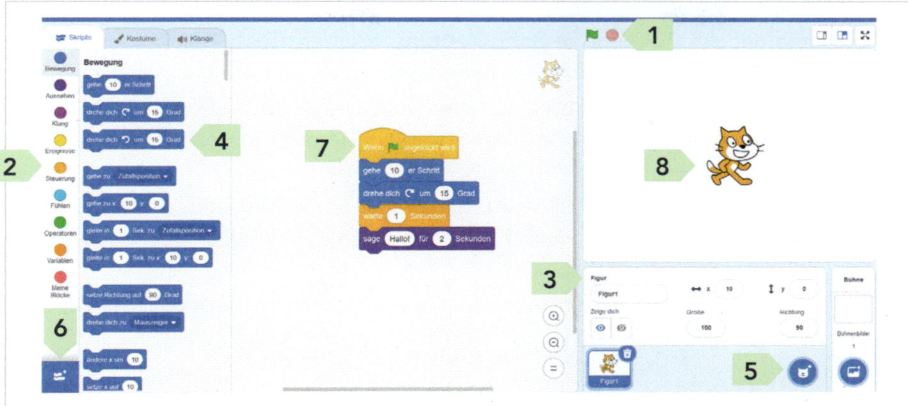

Benenne die markierten Bereiche der Oberfläche. Du kannst dein Ergebnis in das hinterlegte Arbeitsblatt 47_ÜuV_Arbeitsblatt.pdf eintragen.

4 Das sollte eigentlich ein gleichseitiges Dreieck werden. Was ist da nur schief gelaufen? Öffne die hinterlegte Datei 47_ÜuV_Aufg4.sb3.

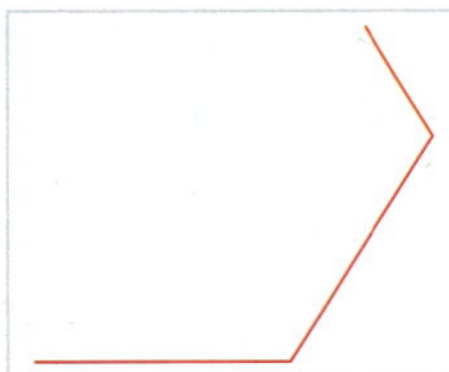

a) Analysiere das Programm und verbessere es.
b) Teste dein korrigiertes Skript.
c) Beschreibe, wie du vorgegangen bist.

5 Jocky ist falsch abgebogen. Öffne die hinterlegte Datei 47_ÜuV_Aufg5.sb3.

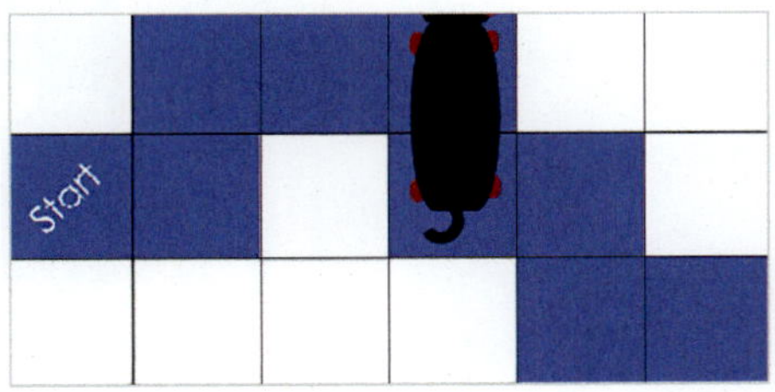

a) Untersuche das Skript und korrigiere es.
b) Teste dein korrigiertes Skript.
c) Beschreibe, wie du vorgegangen bist.

6 Erstelle eine neue Scratch–Datei und gib ihr den Namen *rosa Elefant*.

a) Füge die Figur *Elefant* hinzu. Die Katze benötigen wir nun nicht mehr. Lösche sie indem du auf den Mülleimer klickst:

b) Verändere das Kostüm des Elefanten so, dass er zum rosa Elefanten wird und setze ihm ein lustiges Hütchen auf. Kostüm und Bühne können im Editor verändert werden:

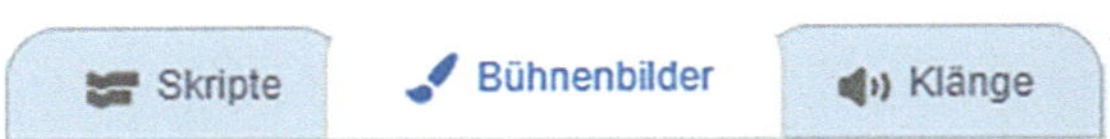

Du hast noch weitere Ideen? Mache ihn zu deinem rosa Elefanten.

c) Passe nun auch das zweite Kostüm des Elefanten an.
d) Vergleicht eure Ergebnisse in der Klasse. Wer kann den lustigsten Elefanten präsentieren?

7 Fortsetzung von ➥ Aufgabe 6: Bringe deinen Elefanten nun zum Laufen.

a) Steuere deinen Elefanten mit den Pfeiltasten (➥ 4.1).

b) Male auf der Bühne eine Bahn mit fünf Hütchen. Teste dein Programm mit einem Partner oder einer Partnerin: Gelingt es deinem Partner bzw. deiner Partnerin, deinen Elefanten zu allen Hütchen zu steuern?

c) Füge eine weitere Figur aus dem Bereich *Tiere* hinzu und verändere ihr Kostüm.

d) Finde eine passende Bühne zu deiner Tier-Show. Wenn dir keine Vorlage gefällt, kannst du auch selbst eine gestalten.

8 Betrachte die beiden Programme. Das Endergebnis ist identisch, nur der Weg zum Ziel unterscheidet sich.

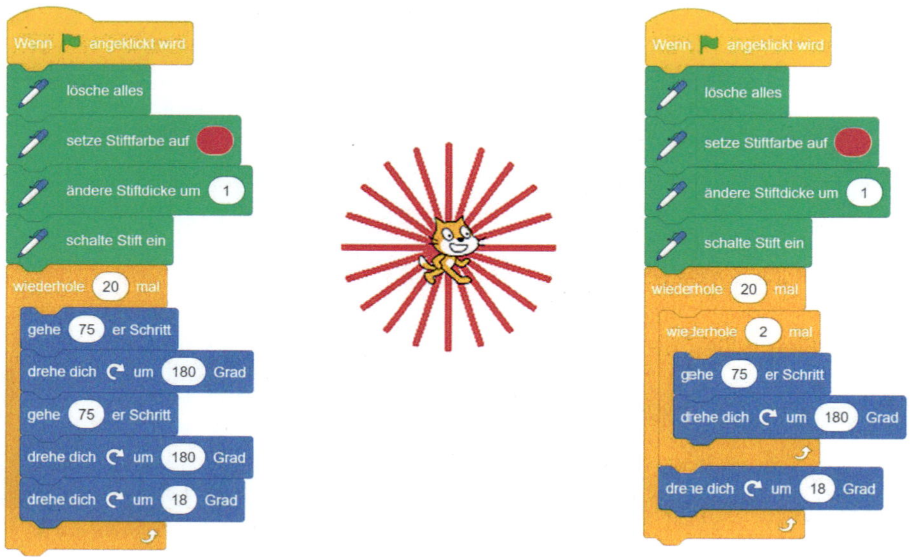

a) Identifiziere die Unterschiede in den Programmen. Nenne den jeweiligen Fachbegriff für das Vorgehen.

b) Übertrage beide Programme in Scratch. Welche Parameter kannst du verändern, ohne dass die Grundidee des Sterns verloren geht?

c) Lass einen bunten Stern entstehen. Überlege, welcher Block dazu hinzugefügt werden muss.

9 Eine komplizierte Aufgabe erwartet dich. Lass dieses Kreuz automatisch von einer Figur deiner Wahl erstellen.

a) Erstelle zunächst einen Plan, wie du vorgehen möchtest. Überlege dir dazu auch, welche Blöcke du für die Aufgabe benötigst.

b) Fertige ein Flussdiagramm an.

c) Übertrage deine Idee in Scratch.

d) Teste dein Programm.

Das große Info-Quiz!

In dem Wortgitter sind elf Begriffe versteckt, die du in diesem Kapitel kennengelernt hast. Die Hinweise führen dich auf die richtige Spur.
Öffne die hinterlegte Datei um das Wortgitter ausfüllen zu können ().

38105-53
Wortgitter

B	I	A	T	I	F	Y	Y	J	B	T	V	K
G	I	F	R	O	S	F	I	U	Ü	K	M	K
C	O	B	V	W	C	E	W	L	H	L	Z	F
B	A	B	Ü	U	F	V	I	O	N	A	O	S
L	Ö	V	A	U	S	S	E	H	E	N	H	Y
K	I	E	X	Z	B	D	D	J	B	G	C	E
P	B	I	S	E	Q	U	E	N	Z	W	Ö	D
S	P	E	I	C	H	E	R	N	U	G	L	G
F	S	C	R	A	T	C	H	Ü	L	I	E	V
F	O	C	P	Y	P	R	O	G	R	A	M	M
O	Ö	L	W	B	V	Y	L	X	K	Ü	Z	Ö
L	J	H	Q	D	L	Y	U	Ö	O	S	A	Ü
Ö	H	E	R	E	I	G	N	I	S	S	E	L
R	I	C	H	T	U	N	G	A	T	A	Z	D
K	G	A	G	Ö	X	F	K	T	Ü	Ä	T	T
Ö	S	A	N	M	Z	V	T	A	M	O	Q	S
T	S	Ü	S	Q	M	B	Ö	G	E	I	W	T

1. „Ich bin eine grafische Programmieroberfläche."
2. „Mit mir kannst du Figuren etwas sagen lassen."
3. „Ich werde in der angegeben Reihenfolge der Anweisungen ausgeführt."
4. „Wenn du weniger arbeiten möchtest nimmst du mich. Vergiss aber nicht die Zahl."
5. „Ich bestimme wohin deine Figur läuft."
6. „Ich bringe alles zum Laufen, vergiss aber nicht, mich zu testen und zu verbessern."
7. „Ich habe Töne!"
8. „Auf mir findet dein Programm statt."
9. „Vergiss mich nicht, sonst war die Arbeit umsonst."
10. „Ich habe eine grüne Fahne."
11. „Wer hat schon immer die gleiche Hose an?"

1 Sevcan behauptet:

a) „Wenn ich eine Figur etwas sagen lassen will, muss ich in der Blockkategorie *Klang* suchen."

b) „Um ein Programm starten zu können, brauche ich einen Block aus dem Bereich *Steuerung*."

Nimm Stellung zu Sevcans Aussagen.

2 Das tägliche Zähneputzen bringt dich auf eine Idee. Gib in einem Flussdiagramm alle Schritte vom Öffnen der Zahnpasta bis zum Ausspülen des Mundes an.

3 Erstelle ein Programm in Scratch, das folgende Probleme löst. Setze die passenden Parameter ein. Teste und optimiere dein Programm.

a) Die Katze geht vom Ausgangspunkt ($x = 0 \mid y = 0$) 150 Schritte geradeaus.

b) Am Endpunkt sagt die Katze: „Ich bin 150 Schritte gegangen", und wechselt ihr Kostüm.

c) Die Katze dreht sich um und geht den Weg zur Starposition wieder zurück.

Ich kann...	in Aufgabe	Hilfe
mit den Blockkategorien in Scratch umgehen.	1	4.1
ein Programm unter Verwendung eines Flussdiagrammes planen.	2	4.2, 4.3
eine Problemstellung mithilfe einer grafischen Programmieroberfläche in ein Programm umsetzen.	1, 3	4.1–4.5

Die Oberfläche von Scratch ➥ 4.1

Die Oberfläche von Scratch teilt sich in drei wesentliche Bereiche auf. Die Skriptblöcke, der Skriptbereich und die Bühne. Skriptblöcke werden mit der Maus in den Skriptbereich gezogen.

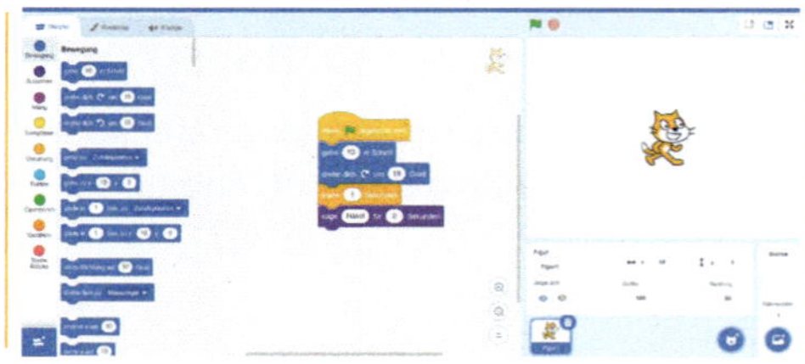

Anweisungen und Sequenzen ➥ 4.2

Figuren können mit Anweisungen auf der Bühne gesteuert werden. Fügt man mehrere Anweisungen zusammen, nennt man dies eine Sequenz.

Wiederholungen mit fester Zahl ➥ 4.3

Die Anweisung Wiederholung mit fester Anzahl nutzt man, wenn eine Sequenz mit einer bestimmten Anzahl an Wiederholungen ausgeführt werden soll. Der zu wiederholende Ablauf wird von einem Klammerblock umgeben.

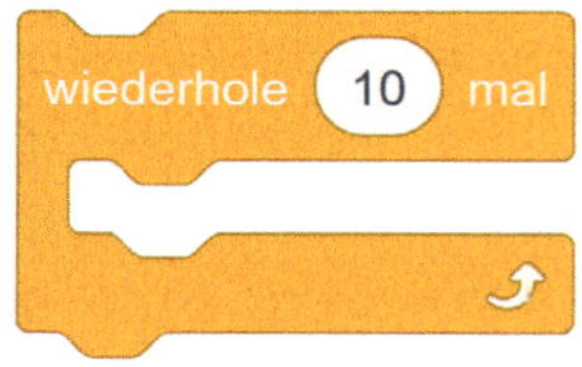

Schachtelung ➥ 4.4

Wiederholungen lassen sich auch ineinander schachteln. Man nennt dies Schachtelung von Wiederholungen. Die äußere Zählwiederholung gibt an, wie oft die innere Zählwiederholung ausgeführt wird.

Testen und Verbessern ➥ 4.5

Beim Programmieren können Fehler entstehen, die dazu führen, dass ein Programm nicht das geplante Endziel erreicht. Systematische Fehleranalyse, z. B. durch Zerlegen eines Programms in Teilziele, gehört zum wichtigen Handwerkszeug in der Programmierung.

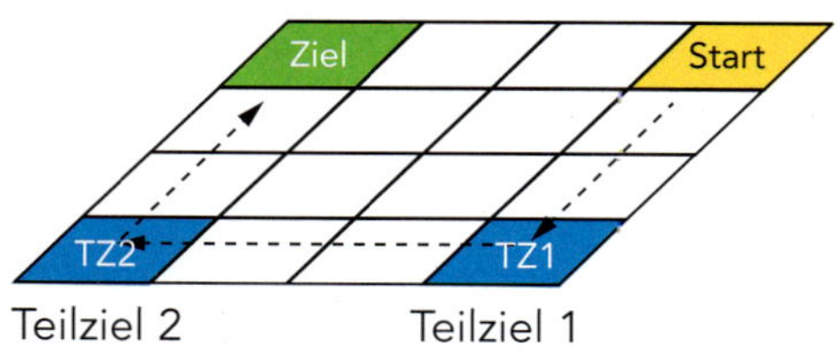

FACHBEGRIFFE

Hier findest du die wichtigsten Begriffe aus diesem Kapitel:

Scratch
Skriptblock
Skriptbereich
Bühne
Anweisung
Eigenschaftswerte
Sequenz
Wiederholung mit fester Anzahl
Klammerblock
Schachtelung
Fehler
Teilziel
Projekt
Projektaufgabe
Projektstart
Projektende
Definition
Planung
Durchführung
Abschluss

Lösungen zu den Seiten „Am Ziel"

Lösungen zu „1.9 Am Ziel" – Seite 25

Das große Info-Quiz

O	I	W	G	I	I	V	D	Y	H	B	G	J	S	E	P
M	L	X	D	G	L	N	H	O	E	I	O	H	I	A	J
T	S	L	K	D	C	Y	C	E	Z	R	C	A	T	V	Y
P	B	C	L	W	D	D	X	R	V	X	O	R	G	O	N
V	W	L	S	B	F	O	P	E	B	X	J	D	O	H	O
Q	O	C	W	F	T	K	D	I	X	V	T	W	K	W	P
D	A	V	T	P	H	U	B	E	Y	V	O	A	W	V	R
F	R	K	U	E	Q	M	E	O	M	Q	E	R	S	S	O
Y	G	K	S	T	N	E	A	U	T	T	V	E	F	T	Z
G	F	V	D	K	H	N	C	F	C	B	E	O	U	U	E
R	X	E	W	R	U	T	U	I	U	S	G	D	I	M	S
A	D	A	T	E	I	M	A	N	A	G	E	R	E	R	S
A	R	B	E	I	T	S	S	P	E	I	C	H	E	R	O
M	V	K	O	X	Q	O	S	E	M	V	O	R	T	I	R
E	K	S	L	E	I	N	G	A	B	E	G	E	R	Ä	T
C	B	O	Q	T	I	R	X	B	O	S	S	L	X	N	S

1 Die Buchstaben stehen für die Schritte Eingabe – Verarbeitung – Ausgabe und Speichern.

2 Eingabegeräte: Maus, Tastatur, Scanner, Touchpad, Dokumentenkamera …
Ausgabegeräte: Drucker, Monitor, Lautsprecher, 3D-Drucker, Beamer…

3 Als Hardware bezeichnet man all die Bauteile eines Computers, die man anfassen kann. Zur Software zählen die Programme bzw. Apps eines Computers. Eine besondere Art Software sind die Betriebssysteme, da sie die Schnittstelle zwischen Hardware und sonstiger Software bilden.

4 Ein erstelltes Dokument heißt so lange Dokument, bis es gespeichert und dabei in einen Binärcode umgewandelt wird, dann heißt es Datei.

5 a) Das ist falsch. Der Computer verlangt für jeden Unterordner eines Ordners einen unverwechselbaren Namen.
b) Das ist richtig, wenn sich die Dateien in unterschiedlichen Ordnern befinden. Im selben Ordner geht das allerdings nicht.
c) Das ist falsch. Ohne Betriebssystem ist ein Computer nicht funktionsfähig.

Lösungen zu „2.10 Am Ziel" – Seite 47

Das große Info-Quiz

1. „Ich speichere zu jedem Suchbegriff eine Liste von Webseiten." .... D**A**TENBANK
2. „Ich bin ein großes Netz, das aus vielen Netzen besteht." .... INTER**N**ET
3. „Ich bin ein Programm, das dich ins Internet bringt." .... BRO**W**SER
4. „Ich habe ein Werk geschaffen." .... URH**E**BER
5. „Mit mir kannst du deine Suche weiter einschränken." .... EINSTELLU**N**GEN
6. „Ich bin ein Land, wo das Urheberrechtsgesetz automatisch gilt." .... DEUTSCHLAN**D**
7. „Ich bin die Abkürzung für eine Internet-Adresse." .... **U**RL
8. „Ich gebe an, wo du ein Werk gefunden hast." .... QUELLE**N**ANGABE
9. „Ich sollte einfach, eindeutig und genau sein." .... SUCHBE**G**RIFF

Lösungswort: ANWENDUNG

1 Alle Browser haben die gleichen Grundfunktionen, die nicht immer an der gleichen Stelle zu finden sind bzw. haben sie verschiedene Symbole dafür:
- eine Seite zurück bzw. nach vorne
- zwischen den Tabs hin- und herspringen
- Favoriten/Lesezeichen anlegen und organisieren
- aktuelle Seite neu laden
- Einstellungen ändern
- neuen Tab öffnen
- Internetadresse eingeben, aufrufen und anzeigen

2 a) mögliche Suchwortliste:
- Schulsanitäter
- Verband anlegen
- Notruf bei Schulunfällen
- Bewusstlosigkeit
- Verletzungen im Gesicht
- Sportverletzungen
- Zahnverletzungen
- Insektenstiche
- Erste-Hilfe
- Allergien
- Asthma
- Blutung stoppen
- Kopfverletzungen
- Brüche
- Wirkungen von Sonne und Hitze
- …

b) Bild 1 und 2 sind brauchbar, weil sie einen Bienenstich bzw. die Folgen eines Bienenstichs zeigen. Bild 3 ist ein Kuchen, der ebenfalls den Namen „Bienenstich" hat. Da Tina wissen möchte, wie sie helfen kann, wenn jemand von einer Biene gestochen wird, ist Bild 3 im Zusammenhang nicht brauchbar.

c) Sie kann für gewünschte Ergebnisse den Suchbegriff anpassen, z. B.: „Bienenstich Erste Hilfe".

3 Das ist falsch. Wenn er als Quellen ein Buch angibst, muss er den *Namen des Autors*, den *Titel des Buches*, den *Verlag*, den *Erscheinungsort* und das *Erscheinungsjahr* des Buches und die *Seite* angeben, auf der er die Information gefunden hat.

4 Er stirbt am 18.09.2018. Seine Werke sind ab diesem Tag 70 Jahre weiter geschützt, d. h. bis zum 18.09.2088. Ab dann dürfen die Werke von jedem frei verwendet werden.

Lösungen zu „3.8 Am Ziel" – Seite 65

Das große Info-Quiz

Lösungswort: VERARBEITUNG

1 Es sind individuelle Lösungen möglich.
Lösungsvorschlag:
1. Betrete Restaurant
2. Suche ein Essen aus
3. Bestelle ein Essen
4. Esse das Gericht
5. Verlange die Rechnung
6. Bezahle das Essen
7. Gib Trinkgeld
8. Verlasse Restaurant

2 Folgende Regeln müssen erfüllt sein:
- Ausführbarkeit: Die Anweisungen müssen für die Person oder den Computer auch machbar sein.
- Richtigkeit: Die Anweisungen eines Algorithmus, müssen richtig und in der richtigen Reihenfolge angegeben sein.
- Genauigkeit: Die Anweisungen eines Algorithmus müssen unmissverständlich sein.
- Vollständigkeit: Es dürfen keine Anweisungen fehlen und jeder mögliche Fall muss berücksichtigt werden.

3 a) Es sind individuelle Lösungen möglich.
Lösungsvorschlag:
1. Gehe in den Flur.
2. Gehe im Flur nach links.
3. Vor der Haustür gehst du nach rechts ins Wohnzimmer.
4. Gehe durchs Wohnzimmer in die Küche
5. Gehe zurück in den Flur.
6. Gehe rechts durch die Haustür.

b) Anfangszustand: Ich befinde mich im Kinderzimmer.
Endzustand: Ich befinde mich vor der Haustür.

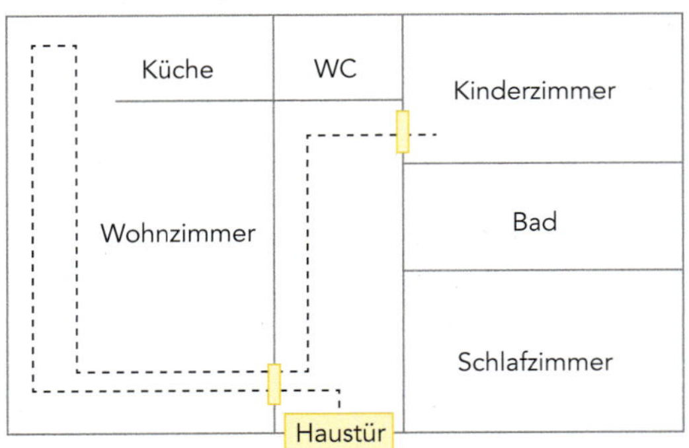

4 a) Gut:
- Ausführbarkeit: Die Anweisungen ist für die Person machbar, wenn es die Eissorten und Waffeln gibt.
- Genauigkeit: Anzahl der Kugeln und die Eissorten sind genannt, auch ob das Eis in die Waffel oder den Becher soll, wurde in der Anweisung geklärt.

Schlecht:
- Genauigkeit: Die Anweisungen sind zum Teil noch ungenau, da für die ausführende Person nicht klar ist in an welcher Position sich die Kugeln für den Endzustand befinden sollen. Besser: Ich hätte oben gerne Zitrone, in der Mitte Schokolade und unten Blaubeere. Schrittweise wäre diese Anweisung aber nicht ausführbar, da man nicht zuerst oben Zitrone platzieren kann.
- Richtigkeit: Die Anweisungen eines Algorithmus, müssen richtig und in der richtigen Reihenfolge angegeben sein. Peter hätte die Reihenfolge seiner Anweisungen so anpassen können, dass sie die ausführende Person auch ausführen kann. Besser: Als erstes Blaubeere, dann Schokolade, dann Zitrone.

b) Peter hat die Reihenfolge der Eissorten nicht für die ausführende Person angepasst. Dreht er die Reihenfolge ist seine Anweisung schrittweise ausführbar.

c)
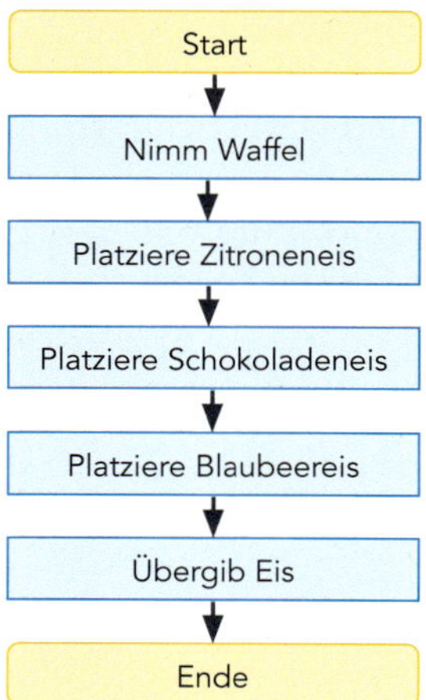

d)
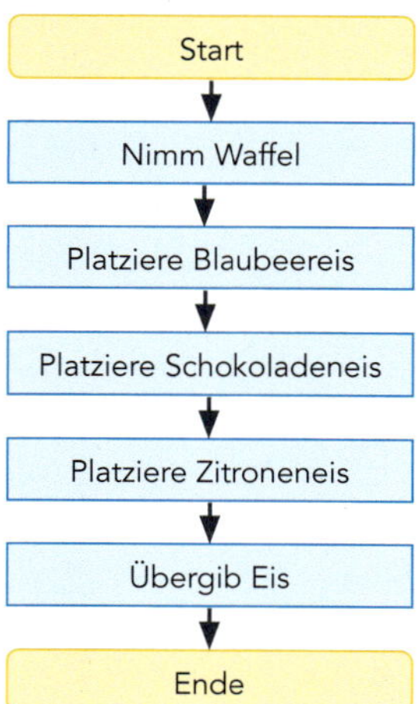

Lösungen zu „4.8 Am Ziel" – Seite 83

Das große Info-Quiz

B	I	A	T	I	F	Y	Y	J	B	T	V	K
G	I	F	R	O	S	F	I	U	Ü	K	M	K
C	O	B	V	W	C	E	W	L	H	L	Z	F
B	A	B	Ü	U	F	V	I	O	N	A	O	S
L	Ö	V	A	U	S	S	E	H	E	N	H	Y
K	I	E	X	Z	B	D	D	J	B	G	C	E
P	B	I	S	E	Q	U	E	N	Z	W	Ö	D
S	P	E	I	C	H	E	R	N	U	G	L	G
F	S	C	R	A	T	C	H	Ü	L	I	E	V
F	O	C	P	Y	P	R	O	G	R	A	M	M
O	Ö	L	W	B	V	Y	L	X	K	Ü	Z	Ö
L	J	H	Q	D	L	Y	U	Ö	O	S	A	Ü
Ö	H	E	R	E	I	G	N	I	S	S	E	L
R	I	C	H	T	U	N	G	A	T	A	Z	D
K	G	A	G	Ö	X	F	K	T	Ü	Ä	T	T
Ö	S	A	N	M	Z	V	T	A	M	O	Q	S
T	S	Ü	S	Q	M	B	Ö	G	E	I	W	T

1 Sevcan behauptet:

a) Das ist falsch. Sevcan muss in der Blockkategorie Aussehen suchen.

b) Das ist falsch. Er benötigt einen Block aus dem Bereich Ereignisse.

2

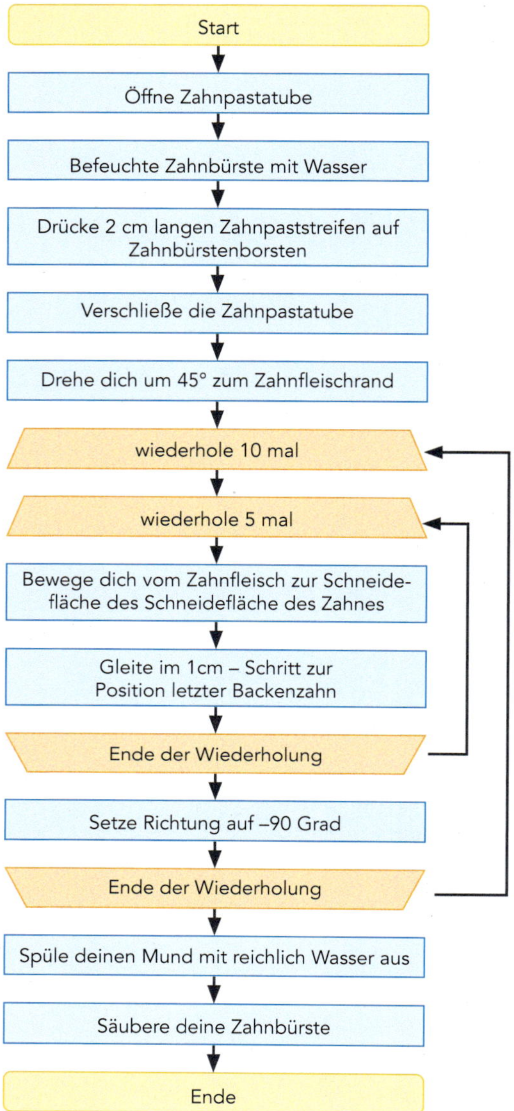
Start
Öffne Zahnpastatube
Befeuchte Zahnbürste mit Wasser
Drücke 2 cm langen Zahnpaststreifen auf Zahnbürstenborsten
Verschließe die Zahnpastatube
Drehe dich um 45° zum Zahnfleischrand
wiederhole 10 mal
wiederhole 5 mal
Bewege dich vom Zahnfleisch zur Schneide-fläche des Schneidefläche des Zahnes
Gleite im 1cm – Schritt zur Position letzter Backenzahn
Ende der Wiederholung
Setze Richtung auf –90 Grad
Ende der Wiederholung
Spüle deinen Mund mit reichlich Wasser aus
Säubere deine Zahnbürste
Ende

3

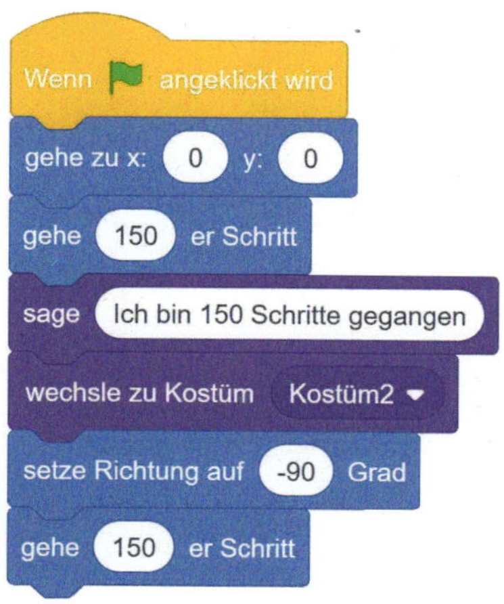
Wenn angeklickt wird
gehe zu x: 0 y: 0
gehe 150 er Schritt
sage Ich bin 150 Schritte gegangen
wechsle zu Kostüm Kostüm2
setze Richtung auf -90 Grad
gehe 150 er Schritt

Ablauf
eine Folge von Anweisungen mit einer bestimmten Reihenfolge

Abschluss
Vierte und letzte Phase eines Projekts, in der die Projektergebnisse präsentiert werden und das gesamte Projekt beurteilt wird.

Adressleiste
stellt Dateipfad vereinfacht dar

Algorithmus
Die eindeutige Beschreibung eines Ablaufs, zur Verarbeitung einer Eingabe in eine Ausgabe.

Anfangszustand
Der Zustand, den ein Objekt vor der Ausführung eines Algorithmus hat.

Anweisung
Kommando, Befehl

Anweisung
Ein Handlungsschritt in dem angegeben wird, was gemacht werden soll (z. B. eine Veränderung eines Zustands eines Objekts).

Arbeitsspeicher
kurzzeitiger Speicher für die Verarbeitung von Rechenprozessen

Ausführbarkeit
Eine Regel für gute Algorithmen. Die Anweisungen müssen für die Person oder den Computer auch machbar sein.

Betriebssystem
Spezielle Software, die die Bauteile eines Computers steuert und Hard- und Software erst miteinander funktionsfähig macht.

Binärcode
spezielle Computersprache, bestehend aus 0 und 1

Browser
Programm, das den Zugang zum Internet ermöglicht

Bühne
Der Hintergrund eines Projektes, der Skripte ausführen kann.

Cloud
Speichermöglichkeit auf einem externen Server

Code
Skript

Datei
in einen Binärcode umgewandeltes Dokument zur Speicherung auf der Festplatte

Dateiendung
Das Betriebssystem versucht mithilfe der Dateiendung ein passendes Programm zur Bearbeitung der Datei zuzuordnen.

Dateimanager
Verwaltungsprogramm zur Organisation von Laufwerken, Ordnern und Dateien

Dateipfad
Beschreibt, wo genau eine Datei gespeichert ist und zeigt den Weg durch die Verzeichnisstruktur.

Dateityp
Die Dateiendung gibt an, um welchen Dateitypen es sich handelt. Der Dateityp gibt auch an, mit welchem Programm die Datei geöffnet werden kann.

Datenbank
Sammlung vieler Daten, die schnell und einfach wieder abgerufen werden können.

Definition
Erste Phase eines Projekts, in der u. a. Ideen gesammelt und Projektziele formuliert werden.

Dokument
elektronische Ansammlung meist von Schrift-, Musik- oder Bildinformationen

Durchführung
Dritte Phase eines Projekts, in der das Geplante durchgeführt wird und für neu auftretende Probleme Lösungen gefunden werden

Eigenschaftswerte
in Scratch: z. B.: Name, Ausgangsposition, Sichtbarkeit einer Figur

Eingabegerät
Anweisungen, Daten, Informationen können mit deren Hilfe von außen in den Computer gelangen.

Endzustand
Der Zustand, den ein Objekt nach der Ausführung eines Algorithmus haben soll.

EVAS-Prinzip
Datenverarbeitungsprinzip „Eingabe-Verarbeitung-Ausgabe-Speichern"

Fehler
Durch einen Fehler erreicht ein Programm nicht den gewünschten Endzustand.

Festplatte
dauerhafter Massenspeicher, meist intern verbaut

Flussdiagramm
eine Darstellungsart für Algorithmen und Abläufe mit Blöcken und Pfeilen

Genauigkeit
Eine Regel für gute Algorithmen. Die Anweisungen eines Algorithmus müssen unmissverständlich sein.

grüne Fahne
Startsymbol zum Ausführen eines Programms

Hardware
alle Teile eines Computers, die man anfassen kann

Implementieren
Umsetzung eines Algorithmus zu einem Programm mithilfe einer Programmiersprache

Impressum
Es enthält Angaben zum Besitzer und Betreiber einer Webseite.

Internet
Ein Netz aus vielen Netzen, das Geräte weltweit miteinander verbindet.

Kindersuchmaschine
Suchmaschine speziell für Kinder und Jugendliche.

Klammerblock
Wiederholungsblock – zu wiederholende Sequenz wird vom Wiederholungsbeginn und Wiederholungsende „eingeklammert".

Kontextmenü
Öffnet über die rechte Maustaste
und bietet speziell zu diesem Symbol bestimmte Funktionen zusätzlich an.

offline
ohne Internet

öffnen
laden, lesen

online
im Internet

Ordner
Aufbewahrungsmöglichkeit von digitalen Inhalten

Ordnerstruktur
Anordnung und Strukturierung von Ordnern in Überordner und Unterordner

Parameter
veränderbare Werte, z. B. Anzahl der Schritte

Plagiat
Diebstahl von fremdem geistigen Eigentum

Planung
Zweite Phase eines Projekts, in der Projektergebnisse festgelegt, Zwischenziele vereinbart, ein Zeitplan aufgestellt und die gesamten Arbeitsschritte geplant werden.

Programm
Ein Algorithmus oder mehrerer Algorithmen, die in einer für den Computer verständlichen Sprache geschrieben sind.
Software für PC und Notebook

Programmiersprache
Spezielle Sprache für Anweisungen und Algorithmen, die ein Computer verstehen kann.

Projekt
Eine zeitlich begrenztes Vorhaben mit einem festgelegten Start und Ende.

Projektaufgabe
Entsteht aus einem Problem, dass sich nicht, oder nur durch extrem großen Aufwand durch eine einzige Person lösen lässt.

Projektende
siehe Projekt

Projektstart
siehe Projekt

Prozessor
Befehle werden im Prozessor verarbeitet und an die entsprechenden Bauteile weitergeleitet.

Pseudocode
Ein Algorithmus, der mit Sätzen aufgeschrieben ist, so dass ein Mensch ihn versteht, aber ein Computer noch nichts damit anfangen kann.

Quellenangabe
Angabe, woher fremde Werke stammen, die man für sich nutzt.

steme
Computersysteme mit unterschiedlichem Aussehen und verschiedenen Funktionen

Resetsequenz
Bringt deine Figur zum Startpunkt zurück.

Richtigkeit
Eine Regel für gute Algorithmen. Die Anweisungen eines Algorithmus, müssen richtig und in der richtigen Reihenfolge angegeben sein.

Schachtelung von Wiederholung
Eine zu wiederholende Sequenz kann eine oder mehrere weitere Wiederholungen enthalten.

Schachtelung
Ablauf von Anweisungen, innerhalb anderer spezieller Arten von Anweisungen (z. B. Schleifen)
auch: Schachtelung von Wiederholungen

Schleife
Spezielle Art von Anweisung, durch die sich wiederholende Anweisungen abkürzen lassen.

Scratch
frei verfügbare, grafische Programmierumgebung

Sequenz
Abfolge von Anweisungen

Server
Großrechner zur Verwaltung und Speicherung besonders vieler Daten

Skriptbereich
Bereich, in den die Programmblöcke gezogen und worin sie verknüpft werden

Skriptblöcke
Sammlung von Anweisungen oder Anweisungsteile mit den Bereichen: Bewegung, Aussehen, Klang, Malstift, Steuerung, Fühlen, Zahlen, Variablen

Software
Programme bzw. Apps, die ein Rechensystem steuern

Speichermedium
Gegenstand zur Speicherung von Daten, meist extern

speichern
sichern, schreiben

Suchbegriff
Sollte einfach, eindeutig und genau sein.

Suchmaschine
Programm, das Webseiten gezielt nach Informationen durchsucht.

Suchwortliste
Es können Übergriffe, verwandte Begriffe oder Synonyme enthalten sein.

Teilziel
Einzelne, kleinere Ziele, die Zusammen das Gesamtziel eines komplexeren Programmes ergeben.

Top-Level-Domain
die Endung der URL

Überordner
siehe auch Ordner; übergeordneter Ordner

Unterordner
siehe auch Ordner; untergeordneter Ordner

Urheber
Person, die ein Werk geschaffen hat.

Urheberrechtsgesetz
In diesem Gesetz findet man alle Gesetze zum deutschen Urheberrecht.

URL (Uniform Ressource Locator)
eindeutige Internetadresse

Verarbeitung
Rechenvorgang eines Computers

Verknüpfung
Wegabkürzung zu einem Speicherort

Verzeichnisstruktur
Auflistung von Laufwerk, Ordner
und Unterordner in denen eine Datei gespeichert wurde.

Vollständigkeit
Eine Regel für gute Algorithmen. Es dürfen keine Anweisungen fehlen und jeder mögliche Fall muss berücksichtigt werden.

Webcrawler
Programme, die Webseiten durchsuchen und Begriffe, die darauf zu finden sind notieren.

Werk
z. B. Reden, Computerprogramme, Musik, Tanz, Bild, Gebäude, Film, Zeichnung, Plan, Karte, Skizze, Tabelle, …

Wiederholung mit fester Anzahl
ausführung einer Sequenz mit einer festgelegten Anzahl an Wiederholungen

Wiederholung
mehrfaches Auftreten der gleichen (Folge von) Anweisungen

World Wide Web
Das wohl bekannteste Netz des Internets. Darin findet man viele Webseiten.

Zentraleinheit
Hier findet die Datenverarbeitung statt. In ihr befinden sich die wichtigsten Bestandteile eines Computers, wie z. B. der Prozessor und der Arbeitsspeicher.

Zwischenablage
kurzfristiges Speichern im Arbeitsspeicher

AdobeStock / mehaniq41 – S. 31, 48; - / rvlsoft – S. 31, 48; - / sergo321 – S. 47; Alamy Stock Photo / Ascannio – S. 28 (2); - / funkyfood London, Paul Williams – S. 45; - / Maxim Gertsen – S. 27; - / GL Archiv – S. 44; - / robertharding, Nick Servian – S. 33; dpa Picture-Alliance / Arco Images GmbH, Klindwort, M. – S. 32; Fotolia / anrymos – S. 45; - / elnur – S. 41; - / Christos Georghiou – S. 46; - / Kathleen – S. 17; - / Ke Wang – S. 37; © fragFINN e. V. – S. 31, 48; Getty Images Plus / DigitalVision Vectors, KrizzDaPaul – S. 63; - / DigitalVision Vectors, Medesulda – S. 50, 66; - / E+, Globalstock – S. 49; - / Hemera, Luciano Mortula – S. 77; - / iStockphoto, 4ndrei – S. 16; - / iStockphoto, AaronAmat – S. 20;- / iStockphoto, adekvat – S. 45; - / iStockphoto, ALEKSA – S. 40; - / iStockphoto, Allexxandar – S. 49; - / iStockphoto, ALotofPeople – S. 78; - / iStockphoto, Jacob Ammentorp Lund – S. 78; - / iStockphoto, Astrid860 – S. 47; - / iStockphoto, belchonock – S. 40; - / iStockphoto, bluejayphoto – S. 32; - / iStockphoto, coddy – S. 60; - / iStockphoto, Dar1930 – S. 47; - / iStockphoto, Elvaisla – S. 17; - / iStockphoto, FooTToo – S. 32; - / iStockphoto, Liesel Fuchs – S. 56; - / iStockphoto, gbh007 – S. 9; - iStockphoto, Harvepino – S. 45; - / iStockphoto, IcemanJ – S. 17; - / iStockphoto, kasto80 – S. 78; - / iStockphoto, KucherAV – S. 50; - / iStockphoto, Rainer Lesniewski – S. 42; - / iStockphoto, lolostock – S. 76; - / iStockphoto, LuckyBusiness – S. 34; - / iStockphoto, master1305 – S. 14; - / iStockphoto, microgen – S. 59; - / iStockphoto, monkeybusinessimages – Cover, S. 28, 32, 54; - / iStockphoto, NatureNow – S. 32; - / iStockphoto, NicoElNino – S. 28; - / iStockphoto, NorGa – S. 11; - / iStockphoto, OvsiankaStudio – S. 9, 67; - / iStockphoto, Anna Pustynnikova – S. 53; - / iStockphoto, Rawpixel – S. 19 (3), 49; - / iStockphoto, Alexander Reshnya – S. 45; - / iStockphoto, Ridofranz – S. 18; - / iStockphoto, RM80 – S. 40; - / iStockphoto, roadk – S. 16, 18, 26 (2); - / iStockphoto, romrodinka – S. 32; - / iStockphoto, scanrail – S. 9; - / iStockphoto, sergeikoroloko – S. 17, 26; - / iStockphoto, Slphotography – S. 56; - / iStockphoto, Pavlo Stavnichuk – S. 9; - / iStockphoto, Nigel Stripe – S. 9; - / iStockphoto, suteracher – S. 45; - / iStockphoto, the-lightwriter – S. 9; - / iStockphoto, United – S. 46; - / iStockphoto, vadimguzhva – S. 49; - / iStockphoto, VanReeel – S. 45; - / iStockphoto, Vladimirs – S. 22; - / iStockphoto, VTT Studio – S. 70; - / iStockphoto, Wavebreakmedia – S. 16; - / iStockphoto, wedmoscow – S. 11; - / iStockphoto, Zephyr18 – S. 30; - / iStockphoto, Veronika Zimina – S. 9; iStockphoto / DrAfter123 – Cover; Mauritius Images / Alamy Stock Photo, Allstar Picture Library – S. 38; - / Alamy Stock Photo, Semiotix – S. 36; - / Alamy Stock Photo, ZUMA PRESS, Inc. Andre M. Chang – S. 28; - / STOCK 4B-RF – S. 32; - / Westend61, Martin Siepmann – S. 32; Pixabay / Clker-Free-Vektor-Images – S. 32; Alexandra Schyma, Bad Rodach – S. 12 (4), 13 (3); Shutterstock / Monticello – S. 31, 48; - / Vaclav Volrab – S. 45; www.blinde-kuh.de / Blinde Kuh e. V. – S. 31, 48; www.helles-koepfchen.de – S. 31, 48; www.wikimedia.org – S. 36, 42;

Scratch is a project of the Scratch Foundation, in collaboration with the Lifelong Kindergarten Group at the MIT Media Lab. It is available for free at https://scratch.mit.edu

Mediencodes:
Getty Images Plus / iStockphoto, artnimals – S. 54; - / iStockphoto, Francesco Milanese – S. 24; - / iStockphoto, undefined undefined – S. 24; - / iStockphoto, Visual Generation – S. 54; - / iStockphoto, Wlad74 – S. 24; - / Stockbyte, Comstock – S. 24

Die verwendete Notationsform für Flussdiagramme entspricht nicht der DIN 66001. Die in diesem Buch verwendete vereinfachte Darstellung der Notation stellt eine didaktisch bedingte Reduktion dar.